病毒病

果实轮纹病

核桃炭疽病

褐腐病

缺铁黄化

药 害

鸟害

蜗牛

桃红颈天牛

草蛉卵

赤眼蜂

捕食螨

黄　蚜

康氏粉蚧

瓢虫幼虫

苹果卷叶蛾

全园生草

生草覆盖

刮粗皮

套 袋

杀虫灯

迷向技术

迷向丝

糖醋液诱杀

诱　芯

果树新品种及配套技术丛书

果树病虫害绿色防控技术

张　勇　王小阳　主编

中国农业出版社

北　京

内 容 提 要

近年来，随着种植业结构的调整和乡村振兴战略的实施，果树生产越来越受到人们的重视，果树栽植面积不断扩大。一方面，由于栽培制度和环境条件的改变，果树病虫害日益严重，成为限制果树生产的主要因子；另一方面，果品大多为鲜食，其质量安全问题倍受人们的关注，如何安全使用农药，减少果品中的农药残留，实现果树病虫害绿色防控，也是亟待解决的问题。本书详细介绍了果树病虫害绿色防控的基本知识和主要果树病虫害的绿色防控技术，对广大果农科学地进行果树病虫害防治具有很强的指导作用。

因水平有限，加之编写时间仓促，错误之处在所难免，敬请读者指正。

目　　录

一、概 述

（一）果树病虫害发生的特点

1. 果树病虫害越冬场所相对单一

由于果树是多年生作物，果树上发生的绝大多数病虫，都在树体及其周围环境中越冬。首先枝干是病虫越冬的重要场所之一，其次是树体周围的落叶和病残体，再次是树体周围的土壤。果树上的大部分病虫害传播距离都不远。越冬后，树体及其周围环境中病原菌和虫源的数量直接决定了当年病虫害的发生程度，越冬后初侵染病原菌量基数大和虫源量高，各种病虫害的发生高峰期来得早，造成的危害就严重。有效地控制越冬后的初侵染菌源和越冬代虫源，可有效地延迟病虫害的发生高峰期，控制病虫的危害。因此，冬春季的清园措施是果园管理非常重要的环节。

2. 果树病虫害具有积年发生或流行的特点

对于越冬受环境影响小、存活率高的病虫害，有积年发生和流行的特点，即病原菌、虫源在树体和树体周围逐年累积，当病原菌和虫源积累到一定量后，造成病虫的严重发生，而且难以根除。果树病毒病、枝干病害（如苹果腐烂病、苹果枝干轮纹病、炭疽病、葡萄黑痘病等）、根部病害、苹果绵蚜等，属于此类病虫害。对于这类病虫害防控应当从苗期和幼树期开始，防止病虫的逐年积累。果树病毒病的发生特点更为明显。果树是多年生作物，主要靠无性繁殖，病毒病主要靠嫁接传播，接穗带毒，所育出的苗子一定带毒，且终生带毒。带病的植株可通过根部交接、修剪操作等逐步传播蔓延，导致果园内的病株率不断增加。防控果树病毒病的有效措施是培育无病毒的苗木。果树无病毒苗木的繁育技术已相对成熟，控制果树病毒病的关键是苗木销售制度和政府政策。

3. 果树上各种病虫害的发生期相对稳定

北方地区气候四季分明，果树的生长发育呈现明显的规律性变化，各种病虫害发生的时间也相对稳定，而且病虫害的发生期与果树生长的物候期相吻合，尤其是春季各种害虫的出蛰期和病害的始发期与果树的生长发育期相对应。这为病虫的监测与防控提供了非常有利的条件。

（二）果树病虫害防控的难点

1. 果树病虫害的种类较多，发生规律各不相同，病虫害防控顾此失彼

据《中国果树病虫志》记载的苹果害虫有 348 种，梨树害虫有341 种，葡萄害虫有 135 种，桃树害虫有 231 种；记载的苹果病害为 90 种，梨树病害为 79 种，葡萄病害为 34 种，桃树病害为 52种。单就苹果病虫害而言，山东产区近年来经常发生且能造成一定危害的病虫害不下 50 种。每一种病虫害都是由一种生物引起的，每种生物都有其独特的发生规律和生活习性。目前，对于很多病虫害的发生规律，尤其是病害的发生规律尚不清楚或不十分明确。对这些病害的防控措施都是被动的、应对性的，多数情况下是用"保险药"。

2. 病虫害的发生与流行受生态环境和管理措施的影响大，随机性强，病虫害防控没有统一和固定不变的模式

病原菌、害虫个体都很小，繁殖量大，生长发育速度快，一旦遇上适宜的生态条件，就能大量繁殖，在短时间内暴发或流行，造成严重危害。当环境条件不适宜其发生时，这些生物处于潜伏或低水平发生状态，等待有利时机。影响有害生物生存与繁殖的因素有气象因子、果园栽培环境、栽培管理措施、病虫防控措施等。不同年份、不同果园，影响病虫害发生的因子各不相同，尤其是气象因子的变化，随机性强。这决定了病虫害的发生与流行也具有很强的随机性，而且从开始发生到暴发流行所需时间往往比较短暂，病虫害防控的应对时间很短。

3. 优质果品生产要求在严格控制化学农药投放的前提下，有效控制病虫害，对病虫害防控提出了更高的要求

随着经济发展、生活水平的提高，人们对果品质量提出了更高的要求。各个国家都提出了农副产品中化学农药残留量的限量标准，优质果品中农药残留限量标准更加苛刻。无化学农药投放或精准施药（即施药时间、靶标和用量要精准）已成为优质果品生产的基本要求。在这种背景下，果品生产中可供选择的药剂越来越少，农药的投放量也受到越来越多的限制。要在不施或少施化学农药的前提下，有效地控制病虫害，这就对病虫害防控提出更高的要求，优质果品生产必须用先进的理念指导病虫害防控。

4. 随着品种更替、栽培模式变革、防控技术发展和生态环境的变化，果树主要病虫害也发生变化，相应的病虫害防控技术需要不断更新

果树病虫害是有害生物与寄主长期协同进化的结果，经长期的进化与选择，能够生存下来的有害生物都有其独特的生存和适应机制，对寄主和环境的变化适应能力很强。寄主、栽培模式发生变化后，有害生物的种类也发生相应的变化。例如，20 世纪 70～80 年代＊，苹果小国光品种的病害以炭疽病为主，90 年代更换富士品种后，轮纹病成为主要病害，进入 21 世纪之后，实施套袋栽培后，早期落叶病、枝干轮纹病成为苹果的主要病害，并出现了新的病害——黑点病。随着苹果套袋栽培模式的发展，蛀果类害虫，如桃小食心虫由主要害虫变为次要害虫，而蛀叶害虫，如金纹细蛾则由次要害虫变为主要害虫。随着内吸性有机磷杀虫剂的停用，刺吸式口器类的害虫有上升趋势。因此，病虫害防控必须与栽培品种、栽培措施和栽培环境相配套。总之，病虫害管理的最大难点是"变"，好的病虫害管理措施要因地制宜，要随病虫害种类、环境条件、栽培管理措施和栽培品种而不断变化，一成不变的管理措施不是好措施。

＊ 本书年代若无特殊说明，均指 20 世纪。——编者注

（三）国外果树病虫害防控研究进展

国外已建立起了安全有效的果树病虫害综合治理技术体系，对果树主要病虫害的发生动态能及时、准确预警和监测，生产上广泛使用无公害的新型化学农药及生物农药，充分利用各种抗病虫的果树品种，采取多种实用有效的生物防治、物理防治及诱杀技术手段，将果树病虫害控制在经济阈值允许水平之下。而我国尚未建立起有效的果树病虫害综合防治技术体系，生产上"轻防重治"的现象普遍，缺少新型化学农药及生物农药，或防治效果较差，生物防治、物理防治和诱杀技术等也尚需进一步改善。一方面，对一些主要和常见病虫害在我国果树产区的流行规律和有效控制还没有取得根本性的突破；另一方面，已发现有一些新的病虫害发生，还有一些不明的病虫危害。

为了减少果品生产中化学农药投入，自 20 世纪 80 年代，欧洲果品推行果品综合生产制度（integrated fruit production，IFP），IFP 实质是有害生物综合治理（integrated pest management，IPM）在果品生产中的应用。IFP 制度要求在果品的生产过程中尽量利用一切可利用的自然控制因子，控制有害生物的发生与危害，以减少化学农药的投入和对生态环境的破坏，生产优质果品。要有效地实施 IFP，不单要求病虫害防控技术人员掌握各种病虫害的发生规律，而且还要了解生态环境、气象因子对各种病虫害的发生的影响，了解各种栽培管理措施、各种病虫害防控措施对病虫害发生与危害的影响。

当前各国十分重视抗病育种与抗病材料的利用。日本通过 γ 射线照射产生突变育成的金二十世纪品种高抗梨黑斑病，一年的喷药次数与普通金二十世纪相比，大约减少一半；美国育成 20 多个抗病果树品种，如普利玛对苹果黑星病免疫、抗苹果火疫病，普利西拉对苹果黑星病免疫、抗苹果锈病和苹果火疫病；无病毒化栽培是生产发展的主要方向，国外发达国家基本实现了对优良果树品种的无毒化栽培。

传统的人工防治法可以减少农药的使用量。如通过剪除枯死芽，防治梨黑星病；通过保持果园卫生，控制小气候；通过调节果园密度，合理负载，合理施肥；通过清除废弃果树，减少外来虫源。

物理防治法也很受重视。如使用黄色荧光灯防治吸果蛾类害虫；对于苹果蠹蛾、梨小食心虫等害虫，主要推广利用性信息素，释放一次性信息素可以控制害虫整个生长期的发生与危害，使用性信息素干扰剂后杀虫剂的使用量可减少80%以上。

天敌的利用。美国、韩国、日本及欧洲各国均大力发展天敌饲养技术；通过种植间作绿肥，或者果园生草，保持果园生物多样性，改善果园生态环境，保护和利用天敌。

农药的开发侧重于发展环境可容纳的农药。如昆虫生长调节剂、仿生农药等；利用苏云金杆菌、昆虫病原线虫、白僵菌等防治鳞翅目害虫；开发出灭幼脲类等一批特异性农药；研制出具有防病保健效果的枯草芽孢杆菌和中生菌素；硫酸铜、石硫合剂、除虫菊、矿物油及新近开发的印楝素、核型多角体病毒等。一批低毒、低残留农药的使用使果区使用高毒、高残留、广谱性农药的局面得到改观。

（四）果树病虫害综合防治对策

传统的果园管理主要以化学防治为主，存在滥用高毒、高残留化学农药的问题，治虫的同时也大量杀伤了天敌，不仅污染了环境、破坏了生态平衡，也增加了害虫的抗药性。未来果品安全生产追求的目标是果园综合管理（IFM 或 IPM），即综合应用栽培手段及物理方法、生物方法和化学方法将病虫害控制在经济阈值可以承受的范围之内，从而有效地减少化学农药的用量。针对果树病虫害的发生动态和防治现状，通过维护和修复果园优良生态环境，增强果园生态控制能力，减少农药用量和果园管理工作量，降低果品农药残留，改善品质，最终实现安全、高效、优质生产。

1. 加强栽培管理，实行健身栽培

（1）合理建园。生产中在保证果品优质的基础上，尽量选用抗逆性强的品种和无病毒苗木建园，并避免多树种、多品种混栽。

（2）加强栽培管理。加强肥水管理、合理负载、疏花疏果，可提高果树抗虫抗病能力；适当修剪可以改善果园通风条件，减轻病虫害的发生；果实套袋可以减少病虫对果实的危害，也可减少农药残留。

（3）清理果园。果园一年四季都要清理，发现病虫果、枝叶虫苞要随时清除；果树树皮裂缝中隐藏着多种害虫和病原菌，及时刮除粗老翘皮是消灭病虫的有效措施；对果树主干主枝进行涂白，既可以杀死隐藏在树缝中的越冬害虫虫卵及病原菌，又可以防治冻害、日灼，延迟果树萌芽和开花，使果树免受春季晚霜的危害。

（4）提高采果质量。果实采收要轻采轻放，避免机械损害，采后必须进行商品化处理，防止有害物质对果实的污染；贮藏保鲜和运输销售过程中保持清洁卫生，减少病虫侵染。

2. 积极开展物理防治、生物防治

利用害虫的趋光性和趋化性，采用黑光灯、频振式杀虫灯和糖醋液、性诱剂等进行诱杀，设置黄板诱蚜等。早春铺设反光膜或树干覆草，防止病原菌和害虫上树侵染，有利于将病虫集中诱杀。也可人工捕捉成虫，深挖幼虫或种植寄生植物诱集杀虫。

天敌的保护与利用是生物防治的重要内容。果园天敌资源十分丰富，尤其是草蛉、瓢虫、食虫蝽和捕食螨类天敌，种群量大，控制害虫作用明显，应对其进行积极保护和利用。一是在天敌发生盛期应避免使用广谱性杀虫剂，以防止杀伤天敌，一般选用对天敌影响较小的农药品种，大力提倡应用生物农药。二是果园实行生草制，为天敌昆虫提供适宜的生存环境，充分发挥天敌的自控作用。三是人工释放天敌，增加果园天敌数量，如释放捕食螨防治果树害螨等。

3. 科学使用化学防治

（1）提倡协同作战，联防联治，切实提高防控效果。

（2）做好病虫预测预报，掌握防治的有利时机，按防治指标进行防治，避免盲目用药，延缓病虫抗药性的产生。在防治策略上，狠抓前期防治，压低虫口基数，夺取全年防治主动权。

（3）合理选择化学农药，保证喷药质量。提倡应用生物源农药、矿物源农药以及高效、低毒、低残留的化学农药；限制使用中等毒化学农药；禁止使用高毒、高残留和三致（致癌、致畸、致突变）农药，如甲胺磷、甲基对硫磷、氧乐果、杀虫脒、三氯杀螨醇、涕灭威、甲基异柳磷、久效磷、林丹、福美砷及其含砷制剂等。喷药时要周到细致，药液浓度和施药量要适宜，不可随意增加。并强调农药轮换使用，以延缓抗药性的产生。

（4）抓住关键时期，科学用药。休眠期用药要遵循稳、准、狠的原则，彻底清园，压低病虫基数；花前防治宜用安全高效药剂；花后至幼果期（套袋前）用药以安全保险为主，做到优、稀、勤，选药宜优，用药宜稀，喷药宜勤（10～15 天）；果实生长期（套袋后）用药以保护性、耐雨水冲刷、持效期长的农药为主，交替使用高效内吸性杀菌剂；采果后为防止早期落叶，适当喷施杀菌剂混加叶面肥保叶。

二、果树病虫害绿色防控技术

（一）果树病虫害综合防控原则

果树是农村种植业中仅次于粮食、蔬菜种植面积和产量的第三大产业，是增加农民经济收入的重要组成部分。但因病虫害造成的果品产量损失高达 25％以上，果农经济损失数十亿元。果树病虫害已成为影响果树产量和果实品质的重要因素。

由于果园生态系统的复杂性和人们对果实品质的要求，每年需要喷施大量的化学农药控制病虫害。化学农药的无节制使用造成环境污染日益严重，果实农药残留超标，病原菌、害虫抗药性增强。果品安全日益受到当今社会的重视。要减少环境污染、改善果实品质、降低病虫抗药性就必须改变果园病虫害传统的防治模式。综合防治取代传统的、单一的化学防治，在果树生产中起着越来越重要的作用。

果树病虫害防控要积极贯彻"预防为主，综合防治"的植保方针。以农业防治和物理防治为基础，提倡生物防治，按照病虫害的发生规律和经济阈值，科学使用化学防治技术，有效控制病虫危害。改善田间生态系统，创造适宜果树生长而不利于病虫发生的环境条件，达到生产安全、优质、绿色果品的目的。

综合防治的应用并不是几种防治措施的累加，也不是所有的病虫害都必须强调应用综合防治，而是以主要病虫害为主，兼顾其他病虫害。果树病虫害综合防治方法包括植物检疫、农业措施防治、物理防治、生物防治和化学防治等措施。

1. 制定果树病虫害综合防治方案的依据原则

（1）找出关键性病虫害。所谓关键性病虫害，是指造成经济损失的病虫害，而不是指种群数量的多少。如在一个苹果园中，以叶液为食的蚜虫比蛀果的蛾类幼虫数量大得多，但蛾类幼虫直接危害果品，因而成为关键的病虫害。

（2）分析找出对果树病虫害有冲击作用的关键性环境因素，提出保护和利用天敌的关键性措施。

（3）找出关键性病虫害生活史中的薄弱环节，有针对性地制定防治措施。

2. 做好果树病虫害防治工作的措施

（1）协同作战，联防联治。通过协会等合作组织把分散的一家一户的果农联合起来，在果树病虫害的防治上统一行动、统一用药、统一技术标准，防止害虫迁移。

（2）做好病虫预测预报，掌握防治的有利时机。

（3）贯彻"预防为主，综合防治"的防治策略，狠抓前期防治，压低虫口基数，夺取全年防治主动权。

（4）及时准确用药，保证质量。喷药周到细致，内膛外围、叶背叶面、上部下部、枝叶不漏。药液浓度和药量要农药标签上推荐使用剂量，不可随意增加。

（二）做好果树病虫害预测预报

果树病虫害防治工作，主要是采取各种有效的方法，控制和消灭果树病虫害，使果树正常生长和结果，保证高产和优质，延长果树的结果年限，增加果树种植效益。

为了有效开展果树病虫害防治工作，就要了解"敌情"，只有掌握果树病虫害的症状和发病规律，才能做到有的放矢，对症下药。果树病虫害的预测预报就是根据病虫害的生活习性和发生规律，分析其发生趋势，推测出防治的有利时机，及时采取有效的防治措施，达到控制病虫危害和保护果树的目的。各地果树主要病虫害的种类和发生规律相差很大，必须根据当地实际情况进行合理防治，绝对不能生搬硬套。只有搞好病虫害的预测预报，才能掌握防治的主动权，减少打药次数，降低成本，提高防治效果。

果树病虫害预测预报主要包括发生期预测预报和发生量预测预

报两方面的内容。

1. 发生期预测预报

害虫有各种趋性。例如，蛾类害虫有趋光性，利用黑光灯可以诱集它们，根据每天捕捉的虫量，可以预报成虫出现的时期，从而推测成虫产卵的高峰期和幼虫危害时期，为大面积害虫防治提供依据。梨小食心虫对糖醋液有趋化性，桃小食心虫对性外激素有趋性，我们可以利用害虫的这些习性，进行诱捕。

利用果树生长的物候期也可以进行预报。果树害虫发生往往和生长发育的不同物候期（如萌芽、展叶、开花、坐果、果实膨大等）密切相关。因此，利用物候期可以预测害虫的发生。如梨芽膨大露绿时，正是梨小食心虫转芽危害的盛期。

2. 发生量预测预报

根据气候条件的变化，可以预测果树病虫害的发生。例如，雨水多的年份，红蜘蛛的发生较轻，而干旱年份，红蜘蛛发生十分猖獗。夏季连阴雨天气造成的高温高湿条件，利于梨黑星病的发生，在连阴雨后，即可以开始对此病的防治。通过害虫的分布和密度的调查，了解虫口基数。如山楂红蜘蛛成虫出蛰期，每个花芽有 2 个以上虫口时，可以发出预报，进行防治。

（三）加强检疫

植物检疫是"预防为主，综合防治"的一项重要措施。它是国家运用法律的力量，强制性地禁止或限制果树危险性病虫害传播。对苗木、接穗、插条、种子等繁殖材料及果品等进行严格检疫，防止危险性的病（如梨火疫病等）、虫（如梨潜皮蛾、梨圆蚧、苹果蠹蛾、美国白蛾、地中海实蝇、葡萄根瘤蚜、苹果绵蚜等）传播蔓延，坚决切断传染源。局部地区发生的病虫害，可以通过国内外贸易往来，随着种子、接穗、苗木、农产品和包装物等商品传播开来。例如，苹果锈果病、花叶病、苹果小吉丁虫、梨圆介壳虫等都是靠这种途径传播的。

已知对外检疫的对象有桃小食心虫、苹小食心虫、苹果实蝇、地中海实蝇、葡萄根瘤蚜和美国白蛾等，对内的检疫对象有梨火疫病、梨潜皮蛾、梨圆蚧、苹果蠹蛾、美国白蛾、地中海实蝇、葡萄根瘤蚜和苹果绵蚜等。在进行果树栽培时应注意培育无病虫的接穗和苗木，消灭或封锁局部地区危险的病虫，对调运的接穗和苗木实行检疫，防止传播和蔓延。

（四）农业防治方法

农业防治是利用先进农业栽培管理措施，有目的地改变某些环境因子，使其有利于果树生长，不利于病虫发生危害，从而避免或减少病虫害的发生，达到保障果树健壮生长的目的。农业防治很多措施是预防性的，只要认真执行就可大大降低病虫基数，减少化学农药的使用次数，有利于保护利用天敌。因此，农业防治是病虫防治的基础，是必须使用的防治技术。

1. 选择抗逆性强的品种和无病毒苗木

选育和利用抗病、抗虫品种是果树病虫害综合防治的重要途径之一。生产中在保证果品优质的基础上，尽量选用抗逆性强的品种和无病毒苗木，植株生长势强，树体健壮，抗病虫能力强，可以减少病虫害防治的用药次数，为无公害生产创造条件。

2. 加强栽培管理

病虫害防治与品种布局、管理制度有关。切忌多品种、不同树龄混合栽植，不同品种、树龄果树病虫害发生种类和发生时期不尽相同，对病虫的抗性也有差异，不利于统一防治。加强肥水管理、合理负载、疏花疏果可提高果树抗虫抗病能力，适当修剪可以改善果园通风条件，减轻病虫害的发生。果实套袋可以把果实与外界隔离，减少病原菌的侵染机会，防止害虫在果实上的危害，也可避免农药与果实直接接触，提高果面光泽度，减少农药残留。

3. 清理果园

果园一年四季都要清理，发现病虫果、枝叶虫苞要随时清除。冬季清除树下落叶、落果和其他杂草，集中烧毁，消灭越冬害虫和病原菌，减少病虫越冬基数。可消灭苹果树腐烂病、轮纹病、干腐病、食心虫、红蜘蛛和蚜虫等 20 余种病虫。可剪除梨树梨大食心虫（梨云翅斑螟）、梨瘿华蛾、黄褐天幕毛虫卵块、中国梨木虱、金纹细蛾、黄刺蛾茧和蚱蝉卵等侵染的枝条，扫除越冬黑星病叶、褐斑病叶及其他落叶；长出新梢后，及时剪除黑星病的病梢、疏除梨实蜂产卵的幼果。可剪除柑橘树炭疽病、疮痂病、树脂病、黑斑病、煤污病和柑橘潜叶蛾、卷叶蛾、红蜘蛛、黄蜘蛛（四斑黄蜘蛛）、锈壁虱、瘤壁虱（胡椒子）、蚧类害虫、粉虱类、蚜虫类和木虱等侵染的枝条。可剪除桃树褐腐病、炭疽病、疮痂病、细菌性穿孔病和桃蚜、桑白蚧、球坚蚧等浸染的枝条。可剪除葡萄包含越冬的炭疽病、白腐病、黑痘病、白粉病、褐斑病、穗枯病、灰霉病和东方盔蚧、瘿螨、透翅蛾、斑蛾、虎天牛、十星叶甲等浸染的果穗、结果母枝和卷须。将剪下的病虫枝梢和清扫的落叶、落果集中后带出园外烧毁，切勿堆积在园内或做果园屏障，以防病虫再次向果园扩散。

利用冬季低温和冬灌的自然条件，通过深翻果园，将在土壤中越冬的害虫，如蝼蛄、蛴螬、金针虫（叩甲幼虫）、地老虎、食心虫、红蜘蛛、舟形毛虫、铜绿丽金龟和棉铃虫等，翻于土壤表面冻死或被有益动物捕食。深翻果园还可以改善土壤理化性质，增强土壤冬季保水能力。

果树树皮裂缝中隐藏着多种害虫和病原菌。刮树皮是消灭病虫的有效措施，及时刮除老翘皮，刮皮前在树下铺塑料布，将刮除物质集中烧毁。刮皮应以秋末、初冬效果最好，最好选无风天气，以免风大把刮下的病虫吹散。刮皮的程度应掌握小树和弱树宜轻、大树和旺树宜重的原则，轻者刮去枯死的粗皮，重者应刮至皮层微露黄绿色为宜，刮皮要彻底。

对果树主干主枝进行涂白，既可以杀死隐藏在树缝中的越冬害虫虫卵及病原菌，又可以防治冻害、日灼，延迟果树萌芽和开花，使果树免遭春季晚霜的危害。涂白剂的配制：生石灰 10 份，石硫合剂原液 2 份，水 40 份，黏土 2 份，食盐 1～2 份，加入适量杀虫剂。将生石灰、食盐和适量杀虫剂加水混匀后，倒入石硫合剂和黏土，搅拌均匀涂抹树干，涂白次数以 2 次为宜。第一次在落叶后到土壤封冻前，第二次在早春。涂白部位以主干基部为主直到主侧枝的分杈处，树干南面及树杈向阳处重点涂抹，涂抹时要由上而下，力求均匀，勿烧伤芽体。

4. 果园种草和营造防护林

果园行间种植绿肥（包括豆类和十字花科植物），既可固氮，提高土壤有机质含量，又可为害虫天敌提供食物和活动场所，减轻虫害的发生。例如，种植紫花苜蓿的果园可以招引草蛉、食虫蜘蛛、瓢虫、食虫螨等多种天敌。有条件的果园，可营造防护林，改善果园的生态条件，建造良好的小气候环境。

5. 提高采果质量

果实采收要轻采轻放，避免机械损伤，采后必须进行商品化处理，防止有害物质对果实的污染，贮藏保鲜和运输销售过程中保持清洁卫生，减少病虫侵染。

（五）物理防治方法

物理防治是利用声、光、热等物理因子或机械作用及器具防治有害生物的方法。包括捕杀法、诱杀法、汰选法、阻隔法和热力法等。

1. 捕杀法

捕杀法可根据某些害虫（甲虫、黏虫、天牛等）的假死性，人工震落或挖除害虫并集中捕杀。

2. 诱杀法

诱杀法可根据害虫的特殊趋性诱杀害虫。

（1）灯光诱杀。利用黑光灯、频振灯诱杀蛾类、某些叶蝉及金龟子等具有趋光性的害虫。将杀虫灯架设于果园树冠顶部，可诱杀果树上各种趋光性较强的害虫，降低虫口基数，并且对天敌伤害小，达到防治的目的。陈修会等报道，在果园中平均单灯诱虫 30 975 头，单灯日诱虫 190.03 头，主要有天幕毛虫、金纹细蛾等。杜志辉报道，频振式杀虫灯每台可以控制果园面积13～15亩*。可诱杀苹果常见鳞翅目和鞘翅目害虫5目21科41种。67%以上的枯叶夜蛾尚未产卵即被诱杀。

（2）草把诱杀。秋天树干上绑草把，可诱杀美国白蛾、潜叶蛾、卷叶蛾、螨类、康氏粉蚧、蚜虫、桃蛀螟、食心虫、绵蚜、网蝽象等越冬害虫。草把固定场所在靶标害虫寻找越冬场所的必经之道。因此，能诱集绝大多数潜藏在其中的越冬害虫个体。在害虫越冬之前，把草把固定在靶标害虫寻找越冬场所的分枝下部，能诱集绝大多数个体潜藏在其中越冬，一般可获得理想的诱虫效果。待害虫完全越冬后到出蛰前解下集中销毁或深埋，消灭越冬虫源。

（3）糖醋液诱杀。糖醋液配制：糖1份、醋4份、酒1份、水16份，并加少许敌百虫。许多害虫如苹果小卷叶蛾、苹果卷叶蛾、黄斑卷叶蛾、食心虫、金龟子、桃红颈天牛、小地老虎、棉铃虫等，对糖醋液有很强的趋性，将糖醋液放置在果园中，每亩3～4盆，盆高一般1～1.5米，于生长季节使用，可以诱杀多种害虫。

（4）毒饵诱杀。利用吃剩的西瓜皮加适量敌百虫放于果园中，可捕获各类金龟子。将麦麸和豆饼粉碎炒香成饵料，每1千克加入敌百虫30倍液拌匀，放于树下，每亩用1.5～3千克，每株树干周围一堆，可诱杀金龟子、象鼻虫、地老虎等。特别对新植果园，应提倡使用。果园种蓖麻以驱除食害花蕾的害虫苹毛金龟子。

（5）黄板诱杀。购买或自制黄色板，在板上均匀涂抹机油或黄油等黏着剂，悬挂于果园中，利用害虫对黄色的趋性诱杀。一般每亩挂20～30块，高一般1～1.5米，当粘满害虫时（7～10天）清理并移动1次。利用黄板诱杀蚜虫、潜叶蝇、白粉虱、梨茎蜂等。

（6）性诱剂诱杀。性外激素国外已有100多种，国内有30多种，应用于防治果树鳞翅目害虫的较多。其防治作用有害虫监测、诱杀防治和迷向防治等三个方面。性诱剂一般是专用的，种类有苹小卷叶蛾、桃小食心虫、梨小食心虫、金纹细蛾、桃蛀螟和棉铃虫

---

* 亩为非法定计量单位，1亩=1/15公顷。——编者注

等性诱剂。一般每棵树挂1枚（或间隔树挂1枚）诱芯于苹果树冠内膛，5月中旬挂出，间隔30～40天更换1次，可对金纹细蛾、苹小卷叶蛾起到迷向防治作用。用性诱芯制成水碗诱捕器诱蛾，碗内放少许洗衣粉，诱芯距水面约1厘米，将诱捕器悬挂于距地面1.5米的树冠内膛，每果园设置5个诱捕器，逐日统计诱蛾量，当诱捕到第一头雄蛾时为地面防治适期，即可地面喷洒杀虫剂。当诱蛾量达到高峰，田间卵果量达到1％时即是树上防治适期，可树冠喷洒杀虫剂。由于性诱剂测报技术的推广应用，使果园桃小食心虫得到有效控制。

3. 阻隔法

阻隔法则是设法隔离病虫与植物的接触以防止受害。例如，拉置防虫网不仅可以防虫，还能阻碍蚜虫等昆虫迁飞传毒；果实套袋可防止几种食心虫、轮纹病等病虫的危害；树干上绑一圈塑料薄膜可阻止枣尺蠖、舞毒蛾等的幼虫上树危害；树干涂白可防止冻害并可阻止星天牛等害虫产卵危害。早春铺设反光膜或树干覆草，可防止病原菌和害虫上树侵染，有利于将病虫阻隔、集中消灭。

（六）生物防治方法

利用有益生物或其代谢产物防治有害生物的方法即为生物防治，包括以虫治虫、以菌治虫、以菌治菌等。生物防治对环境污染少，对非靶标生物无作用，是今后果树病虫害防治的发展方向。

生物防治强调树立果园生态学的观点，从当年与长远利益出发，通过各种手段培育天敌，应用天敌控制害虫。例如，在果树行间种植油菜、豆类、苜蓿等覆盖作物，这些作物上所发生的蚜虫给果园内草蛉、七星瓢虫等捕食性天敌提供了丰富的食物资源及栖息庇护场所，可增加果树主要害虫的天敌种群数量。使用生物药剂防治病虫，既能保护天敌，又能弥补天敌控害的局限性。

1. 以虫治虫

以虫治虫是利用捕食性天敌如螳螂、步甲、草蛉、瓢虫等，防治多种害虫、害螨；或利用寄生性天敌如寄生蜂、寄生蝇等，防治害虫。

果园生态系统中常见的天敌昆虫有寄生性和捕食性天敌 70 多种。其中，寄生性天敌有蚜茧蜂、蚜小蜂、跳小蜂、姬小蜂、赤眼蜂、寄生蝇等常见种类；捕食性天敌有瓢虫、草蛉、食虫蝽、食蚜蝇、捕食螨、蜘蛛等常见种类，对害虫具有极强的自然控制能力。据陆庆光等人研究，果园内某种害虫往往有多种天敌的联合控制，其作用是显著的。如苹果园内瓢虫、草蛉、捕食螨对山楂叶螨的控制，多种天敌对卷叶蛾的控制，作用均十分显著。果树属多年生植物，生态环境比较稳定，果树上害虫多，同样其天敌也相当多，而且比较稳定。如果没有天敌控制，害虫将会以惊人的速度繁殖。害虫天敌资源丰富，要保护利用天敌，增加自然界天敌种群数量，提高天敌对害虫种群数量的控制。生物多样性是促进天敌丰富度的基础，因此在园内果树行间种植苜蓿、油菜、花生等矮秆蜜源植物，可为天敌提供猎物和活动、繁殖的良好场所。释放天敌、科学使用农药和一些栽培技术都是保护天敌的措施。为充分发挥天敌的作用，在天敌盛发期应避免使用广谱性杀虫剂，以免杀伤天敌，同时在果园周围或行间种植牧草及蜜源植物，以招引天敌繁衍和改善天敌营养条件，或人工饲养释放、引进天敌，增加天敌种群数量，恢复其自控能力。

（1）异色瓢虫。可捕食绣线菊蚜、苹果瘤蚜、梨二叉蚜、梨圆尾蚜、桃蚜、桃粉蚜和桃瘤蚜等。

①发生规律。异色瓢虫以成虫在石缝、落叶、草堆、房屋内等处越冬。一年发生 4～5 代，6～10 月均有成虫发生。以幼虫、成虫捕食蚜虫，分布极普遍，是蚜虫的主要天敌之一。在国内自南至北均有分布；国外主要分布于俄罗斯、日本、朝鲜等国。

②利用途径。

A. 冬季人工保护成虫越冬，一般 11 月中下旬气温降至 10℃以下时逐渐进入越冬期，越冬处需保持温度 0～5℃。

B. 早春从麦田等处采集越冬成虫移放至果园。

C. 人工饲养繁殖，可用蚜虫或代食品饲养，使成虫产卵，将卵块或初孵幼虫放于果树新梢有蚜虫处。不用时,可在短日照及12~15℃低温下饲养成虫数天,使雌雄交尾后,将雌成虫冷藏于0~5℃处,这样成虫滞育进入越冬状态,不食不动,可达数月之久。需用时,可取出放于室温下待其活动,当天即可释放于有蚜虫的果园。卵块产下后,如不立即使用,亦可贮藏于2~7℃的温度下8~9天,卵孵化率仍可达80%以上。当卵粒变黑将孵化时,不能再贮藏。

(2)七星瓢虫。可捕食绣线菊蚜、苹果瘤蚜、梨二叉蚜、桃蚜、桃粉蚜、桃瘤蚜和梨圆尾蚜等。

①发生规律。七星瓢虫一年发生4~5代,以成虫越冬,越冬场所多在较易保湿的土块下、石缝、草丛等处。越冬成虫有时可迁移至远处越冬。成虫、幼虫均以捕食蚜虫为生。在食料不足或环境条件不良的情况下,可发生滞育现象。该虫分布广泛,在我国各地均有分布,国外分布于印度、日本、蒙古国以及欧洲、美洲等地。

②利用途径。同异色瓢虫。

(3)龟纹瓢虫。可捕食绣线菊蚜、苹果瘤蚜、梨二叉蚜、梨圆尾蚜、桃蚜、桃粉蚜、桃瘤蚜和栗花翅蚜等。

①发生规律。龟纹瓢虫一年发生4代,以成虫越冬。春季4~5月越冬代成虫产卵,第一代成虫发生于6月中旬,第二代成虫发生于7月中旬,第三代成虫于8月下旬,第四代成虫于10月上旬。夏季卵期3天,幼虫期平均7天,蛹期3.5天。每个雌虫平均产卵182粒。幼虫、成虫均捕食蚜虫,其食量较前几种瓢虫小。幼虫期每头平均捕食蚜虫120多头,成虫24小时可捕食蚜虫70多头。在我国北自黑龙江南至云南均有分布,日本、俄罗斯、印度亦有发生。

②利用途径。同异色瓢虫。

(4)大草蛉。捕食绣线菊蚜、苹果瘤蚜、梨二叉蚜、梨圆尾蚜、桃蚜和桃瘤蚜等,亦捕食叶螨及其卵、棉铃虫及各种夜蛾的卵、卷叶虫和介壳虫(如松干蚧)及其卵等。

①发生规律。大草蛉一年发生4代,以蛹在茧中越冬。4月中

下旬大量羽化，6～10月均有成虫发生，各世代有明显重叠现象。夏秋各代虫期：卵期3～12天，幼虫期8～31天，蛹期9～23天，产卵前期11～18天，一代历期31～53天。每头雌虫平均产卵780余粒，最少200余粒，日产卵量19～49粒。成虫白天和晚上均能活动，夏季6：00～9：00和17：00～20：00活动较盛。成虫有趋光性。成虫羽化后6～8天交尾，一次交尾后多次产卵，多数卵产在叶片中脉上。初产卵为绿色，后渐变为灰白或灰色。幼虫孵出0.5～2小时后，沿卵柄爬下开始寻找食物。幼虫和成虫均可捕食，幼虫期每头可捕食蚜虫600～700头，成虫可捕食500头左右，一生能消灭蚜虫1 000～1 200头。幼虫老熟后在叶背叶脉附近或其皱褶处结茧化蛹。9月下旬至11月中旬陆续结茧化蛹越冬，多在树皮缝、树洞穴、枝干伤口及枯枝落叶内等处。分布在全国各省份，亚洲、欧洲均有分布。

②利用途径。

A. 保护越冬茧，如在树的孔穴、石缝、落叶上发现越冬茧，可加以采集，保护于天敌羽化笼中，放于冷凉的室内，严寒过后移挂于室外冷凉处，4月成虫羽化后，立即释放于果园。

B. 用日光灯或黑光灯诱集成虫，移放于果园。

C. 用蚜虫或米蛾卵等进行人工饲养，将卵、幼虫或茧移放于果园。如一时不用，可将幼虫逐渐降温饲养，一般可降至12～15℃，待其结茧化蛹，即可冷藏于5～6℃的冰箱中。在冰箱中冷藏3～4个月，成活率仍可达75％以上。

（5）丽草蛉。捕食的害虫同大草蛉。

①发生规律。丽草蛉一年发生4～5代，以蛹越冬，因成虫寿命及产卵期很长，各世代重叠现象明显。4月下旬越冬蛹开始羽化，5～10月均有成虫发生。卵比较分散。夏秋各代虫期如下：卵期3～5天，幼虫期9～18天，蛹期10～14天，产卵前期5～9天，一代历期27～43天。成虫羽化后4～5天交尾，日产卵量为24～79粒，每头雌虫平均产卵630余粒。成虫亦有趋光性。幼虫和成虫捕食蚜虫、红蜘蛛等，其食量与大草蛉相似，分布同大草蛉。

②利用途径。同大草蛉。

（6）中华草蛉。捕食的害虫同大草蛉。

①发生规律。中华草蛉一年发生4～5代，以成虫越冬，3月下旬至4月上旬越冬成虫出蛰，4月中下旬至5月上旬开始产卵，卵较分散。7月发生第一代成虫，8～11月均有成虫发生。成虫羽化后2～4天交尾，单雌产卵211～914粒，平均488粒，日产卵量为8～36.8粒。各代历期因气温不同而有长短，4～5月平均历期为64天，6～7月平均历期为30天，7～8月平均历期为24天。其中，卵期3～12天，幼虫期8～27天，蛹期8～17天，产卵前期4～8天。该虫分布于我国各地。

②利用途径。同大草蛉。

（7）黑带食蚜蝇。捕食绣线菊蚜、苹果瘤蚜、梨二叉蚜、梨圆尾蚜、桃蚜和桃瘤蚜等各种蚜虫。

①发生规律。黑带食蚜蝇一年发生4～5代，以老熟幼虫、蛹或成虫越冬。4～10月均可见到成虫。成虫翱翔于空中，常振动双翅保持原位不动。夏季，卵期2～3天，幼虫期与蛹期均为6～7天。成虫采食花蜜，幼虫捕食蚜虫，以口器抓住蚜虫，举在空中，吸尽体液后，扔掉蚜虫尸体。各龄幼虫平均每天可捕食蚜虫120头，整个幼虫期每头可捕食蚜虫700～1 500头。幼虫老熟后在叶背或蚜虫危害造成的卷叶中化蛹。秋季果树或林木上没有蚜虫时，常迁飞至麦田、菜园或林间草本植物上捕食蚜虫，以后入表土层中化蛹越冬。此种食蚜蝇分布极普遍，在我国北至黑龙江，南至广西、云南、西藏均有分布；国外分布于日本、朝鲜、印度、澳大利亚及欧洲、非洲等地。

②利用途径。

A. 当蚜虫与食蚜蝇为200：1以下，可以不喷药。

B. 果园、林带、粮田、菜园有计划的布置，使食蚜蝇有迁移繁殖的机会。

（8）苹果绵蚜日光蜂。可寄生苹果绵蚜。

①发生规律。苹果绵蚜日光蜂一年发生10～12代，以老熟幼

虫在绵蚜僵蚜内越冬，绵蚜僵蚜变黑膨大，易于识别。翌年3月下旬至4月上旬化蛹，第一代成虫4月中下旬羽化，此后自5月中下旬至10月上旬均有成虫发生。发生1代所需时间：第一代为28～30天，第二代为20天左右，夏季高温时为10天左右。10月中下旬开始以幼虫在寄主体内越冬。此蜂产卵于苹果绵蚜体内，每蚜寄生一蜂，产卵后6～7天苹果绵蚜虫体渐膨大，最后变黑死亡。单雌平均产卵96粒左右，最多可达100余粒。据对烟台的观测发现，此蜂对绵蚜的最高寄生率出现在8月初，为95%左右。此蜂每年春季羽化较苹果绵蚜出现早半个月左右，因寻觅不到寄主而大部分死亡，仅少数羽化迟者产卵于寄主体内得以存活。因此，每年6～7月绵蚜危害最重。此蜂在我国分布于山东的东部地区，国外分布于朝鲜、日本、澳大利亚、南非、新西兰及欧洲、美洲等地。

②利用途径。

A. 冬季可剪取被此蜂寄生的苹果绵蚜枝条，放于0～5℃温度下，待5月初苹果绵蚜大量繁殖前，将枝条由冰箱中取出分挂于果园内，寄生蜂羽化寄生，可控制苹果绵蚜虫量的上升。

B. 果园喷药应避开成虫发生期，8月后为该蜂大发生时，田间应少用或不用广谱性杀虫剂。

（9）微小花蝽。若虫、成虫均捕食各种蚜虫、螨及夜蛾的卵及其他鳞翅目的初孵幼虫等，是蚜虫及叶螨的重要天敌。

①发生规律。微小花蝽一年发生7～8代，以成虫在树皮缝间、枯枝落叶、麦田和菜园等处越冬。越冬成虫4月上中旬出现，在蔬菜、小麦、果树上捕食蚜虫、红蜘蛛及卵等。成虫产卵于叶片背面叶脉和叶柄组织内。5月至11月不断有成虫发生。若虫一般4龄，少数3龄或5龄。发生1代所需时间：春秋季为8～33天，夏季为17～23天。卵期平均6天，若虫期14天，成虫期14天。每头雌成虫产卵30～40粒。1头微小花蝽成虫1天可捕食山楂叶螨20～30头。此虫在果树上常大量发生，在麦田、豆地、菜园、棉田等有蚜虫或红蜘蛛处亦常见，是一种重要天敌。此虫可孤雌生殖，后代仍有雌雄两性。国内分布于华北、华东等地，国外分布于俄罗斯

及中亚等地。

②利用途径。

A. 微小花蝽常在果树老皮缝下特别是在树干近基部翘皮内越冬较多，为了保护它安全过冬，果树刮皮防治其他病虫害宜在春季果树发芽前后进行，不可太早，以免越冬成虫死亡。

B. 可用蚜虫、红蜘蛛及卵作饲料，进行人工培养，亦可用黄瓜、辣椒等花心（去掉花瓣）饲养若虫，待其变为成虫后，逐步降温，储藏于3～5℃冰箱中，需要时取出放入果园。

（10）松毛虫赤眼蜂。可寄生苹果小卷叶蛾、褐卷叶蛾、苹果大卷叶蛾、梨小食心虫、苹果鹰夜蛾、苹果剑纹夜蛾、梨剑纹夜蛾、棉铃虫、银纹夜蛾、斜纹夜蛾、黄刺蛾、青刺蛾、褐刺蛾、苹果枯叶蛾、水青蛾、桃天蛾以及松毛虫、各种舟蛾、毒蛾、灯蛾、螟蛾、尺蠖的卵等。

①发生规律。松毛虫赤眼蜂以老熟幼虫或蛹在寄主卵内越冬，一年发生18～20代，如在室内控制一定温湿度，全年可繁殖50代左右。每头雌蜂产卵14～150粒，平均66粒左右。赤眼蜂的发育历期在不同温度下是不同的。松毛虫赤眼蜂在25℃恒温、相对湿度80%的条件下，发育历期11天左右，其中卵期1天，幼虫期1～1.5天，预蛹期3～3.5天，蛹期5～6天；在30℃恒温下，发育历期8～9天，其中卵期6～22小时，幼虫期1～1.5天，预蛹期2～2.5天，蛹期3～4天。其发育最适温度为25～28℃，在这个温度区间发育起来的子代蜂体健壮，生命力强，寿命长。20～29℃为适温区，个体发育正常。高于30℃时，发育的子蜂体弱，寿命显著缩短，仅2～4天，其子代寄生率下降，出蜂数亦显著减少。如低于20℃，活动迟钝，爬行状态，寿命长达15天。相对湿度以60%～80%为宜，在此湿度下，均能发育正常。如果湿度过低，影响蜂体内卵细胞的正常发育，降低产卵量，成蜂易于死亡；又会造成已寄生的寄主卵失水，影响蜂的寄生和羽化。相对湿度在50%以下后，寄生率、羽化率均显著降低。湿度达饱和时，寄主卵易长霉菌而影响蜂的发育和羽化。

赤眼蜂喜寄生于新鲜的寄主卵内，已变质的卵及未成熟或干瘪的卵。当赤眼蜂遇到寄主卵后先用触角点触寄主卵，在虫卵四周徘徊片刻，然后爬上寄主卵，用腹部末端作数次试探性产卵，接着便产卵于寄主卵内。被寄生的卵逐渐变黑色。成虫在寄主卵内羽化，然后要破寄主卵壳爬出。此蜂在我国北至黑龙江，南至海南岛均有分布，国外分布于朝鲜、日本及俄罗斯的西伯利亚等地。

②利用途径。赤眼蜂依靠转换寄主卵可以大量取得，故可以用人工大量饲养和繁殖，即用柞蚕卵、蓖麻蚕卵、松毛虫卵等作转换寄主，在室内使赤眼蜂在这些卵内产卵，转换寄主卵多用剖腹卵。如柞蚕卵在成虫羽化后经 24 小时左右，腹内卵已大部成熟，即可剖腹取卵，用水洗净晾干，用聚醋酸乙烯乳胶作为黏着剂，将柞蚕卵粘于厚纸卡上，每块卵 30～40 粒。接种后，在赤眼蜂将羽化时即可分别挂于果树上，防治苹果小卷叶蛾，以防治第一代卵为主，每株苹果树上挂 1 小块卵卡即可，此卵卡要挂于树冠内大枝阴面，以防日晒，否则因中间寄主卵壳干缩变硬，赤眼蜂不易羽化咬出。每 5 天放蜂 1 次，共放蜂 2～3 次。每亩放蜂 10 万～12 万头。卵卡常用大头针或糨糊粘于树干或大枝上，被寄生的虫卵一般 3～4 天后变成黑色。防治梨小食心虫，以防治第二代卵为主，因第一代卵期在 4 月下旬至 5 月上旬，气温及相对湿度常较低，赤眼蜂活动迟钝，产卵量少，寄生率往往不高。据观察，赤眼蜂防治小卷叶蛾，卵块寄生率平均可高达 98%，卵粒寄生率可高达 97%，并且由于放蜂的果园对卷叶蛾等可以不用农药，使卷叶蛾的其他天敌昆虫如卷叶蛾肿腿蜂、各种姬蜂、茧蜂等能迅速繁殖，共同消灭了残余的卷叶蛾幼虫，起到了相辅相成的作用。这样在 3 年内，卷叶蛾一般不易再危害，或危害极轻，亦不必年年放蜂。

(11) 桃小甲腹茧蜂。可寄生桃小食心虫。

①发生规律。桃小甲腹茧蜂一年发生 2 代，与桃小食心虫每年发生代数相同。以幼虫在桃小食心虫越冬老熟幼虫体内越冬，翌年 5～6 月桃小食心虫越冬幼虫出土作茧化蛹时，此蜂幼虫老熟，将桃小食心虫幼虫食尽，在寄主茧内作白色薄茧化蛹。凡被寄生的桃

小食心虫化蛹茧小，长仅 6 毫米，比正常茧短 2～3 毫米，因此易于识别。6～7 月桃小食心虫发生成虫时，此蜂亦发生越冬代成虫，产卵于寄主卵内，当寄主幼虫孵化后，蜂卵亦发育膨大，孵化后幼虫在寄主体内取食，不久即进入滞育状态，直至寄主幼虫 4 龄时，此蜂幼虫迅速发育，寄主幼虫老熟作茧后，此蜂幼虫亦随着作茧于寄主茧内，8～9 月发生当年第一代成虫，产卵于寄主卵内，9～10月即在脱果的桃小食心虫幼虫体内入土越冬。

②利用途径。

A. 从有此蜂的果园采集越冬桃小食心虫幼虫，或夏、秋采集虫果（包括野生果实）放于养虫笼中，待桃小食心虫老熟幼虫脱出作茧，如有此蜂羽化，可放入果园。

B. 此蜂成虫发生期避免喷洒残效期长的广谱杀虫剂。

C. 结合释放性诱剂防治桃小食心虫，可取得相辅相成的效果。

（12）上海青蜂。可寄生黄刺蛾。

①发生规律。上海青蜂一年发生 1 代，以幼虫在寄主茧内越冬，翌年 5～6 月化蛹，6 月上旬至 7 月中旬成虫羽化，少数可滞育至 8 月中旬羽化。羽化后咬破虫茧而出，雌雄交配后产卵，亦能营产雄孤雌生殖。雌蜂产卵时，寻到刺蛾老熟幼虫茧，在茧上咬 1个小圆孔，经 0.5～1.5 小时完成，然后将产卵管插入茧内刺蛾幼虫，分泌毒液使幼虫麻痹并有防腐作用，再产 1 粒卵于幼虫体上。产卵后仍将产卵孔封闭，可防止刺蛾幼虫和青蜂卵发霉致死。封闭孔呈灰黑包，多在刺蛾茧一端，因此易于识别刺蛾幼虫是否已被寄生。卵孵化后，青蜂幼虫取食刺蛾幼虫体液，于翌年 5～6 月吐黄褐色丝于刺蛾茧内作成薄茧化蛹。有时当上海青蜂产卵于黄刺蛾茧内时，刺蛾广肩小蜂亦从上海青蜂产卵孔把卵产入茧内黄刺蛾幼虫体上，广肩小蜂幼虫取食刺蛾幼虫后，还会取食上海青蜂幼虫。但上海青蜂的寄生率高，有时可达 50%。此蜂在我国从南至北均有发生，国外在日本、印度均有分布。

②利用途径。

A. 从有此蜂之处在秋末或早春采集黄刺蛾茧，收于寄生蜂羽化笼罩中，待羽化后放入果园。

B. 用杨树、榆树、枫杨树等作防护林带，使此蜂有补充寄主。

C. 结合释放赤眼蜂。

（13）广大腿小蜂。可寄生苹果小卷叶蛾、苹果大卷叶蛾、褐卷叶蛾、苹果木蛾、舞毒蛾、褐纹毒蛾、金毛虫和桃蛀螟等。

①发生规律。广大腿小蜂一年发生4～5代，以成虫在落叶枯枝、树隙裂缝及墙缝、石缝等处越冬。翌年4～5月出蛰产卵于寄主幼虫体内，在寄主蛹内老熟化蛹，将寄主蛹咬1个孔羽化而出。一年中6月上中旬、7月上中旬、8月中下旬、10月上旬及11月均有成虫出现，11月上中旬开始越冬。此蜂一般单寄生。凡被寄生的寄主蛹第4～7节腹节后缘，有1个黑褐色环纹，有时第3节亦有此环纹，为此蜂寄生的特征。此蜂在国内分布于河北、山东、江苏、浙江、江西、台湾、福建、广东、四川、云南；国外在日本、朝鲜、越南、菲律宾、斐济以及美国的夏威夷等地均有分布。

②利用途径。

A. 果园四周或近处可建造防护林带，栽植杨树、榆树、松树或桑树等，使此蜂有转主寄生的寄主。

B. 冬季保护此蜂成虫越冬，在果园内堆放柴草或其他树木枝条等，使成虫有越冬场所。

2. 以菌治虫

以菌治虫就是利用害虫的病原微生物防治害虫。引起昆虫发病的病原微生物有细菌、真菌、病毒、立克次氏体、原生动物及线虫等。

（1）病原细菌。目前应用的杀虫细菌主要有苏云金杆菌（包括松毛虫杆菌、青虫菌，均为变种）。这类杀虫细菌对人畜、植物、益虫和水生生物等无害，无残留，有较好的稳定性，而且还可以和其他农药混用。该菌能够产生伴孢晶体毒素，对多种害虫有致病作用。可以防治苹小卷叶蛾、黄斑卷叶蛾、桃小食心虫、刺蛾和尺蛾等鳞翅目害虫。

（2）虫生真菌。据报道，世界上已记载的虫生真菌有100多个属，800 个种。我国已报道的约 405 种。其中寄生昆虫的真菌有 215 种，但可能作为杀虫剂的种类主要有白僵菌（*Beauveria*）、绿僵菌（*Metarhizium*）、玫烟色拟青霉（*Paecilomyces fumosoroseus*）、蜡蚧轮枝菌（*Verticillium lecanii*）、汤普生被毛孢（*Hirsutella thompsonii*）、座壳孢（*Aschersonia*）、镰刀菌（*Fusarium*）等。白僵菌是目前应用最多的昆虫病原真菌。林间桃小食心虫的自然感染率为 30%～50%。

（3）昆虫病毒。世界上已记载的昆虫病毒有 1 000 余种，我国已发现的昆虫病毒有 170 余种，其中果树害虫病毒有 20 余种。其中，重要的病毒有核型多角体病毒（NPV）和颗粒体病毒（GV）两类。昆虫病毒通过昆虫、鸟和风雨传播，对寄主有严格的选择性，在寄主体内可存活多年，能长期抑制害虫。

（4）昆虫病原线虫。昆虫病原线虫是一类专门寄生昆虫的线虫，它随食物或通过自然孔口、节间膜等进入昆虫体内，迅速释放其所携带的共生菌，使寄主昆虫得败血症而死亡。它来自大自然，隶属生物农药范畴，无毒、无害、无污染，可以防治多种害虫，已被世界各国列为生产有机和绿色农产品的首选药剂。与生物防治常用的天敌昆虫相比，昆虫病原线虫具有繁殖速度快，容易贮运，田间使用简便、不逃逸、成本低等优点，适合大规模工厂化生产，能够满足生产需要。寄生昆虫的线虫有 3 000 余种，其中斯氏线虫在果树害虫防治中应用最为广泛。

3. 以菌治菌

果树病害的生物防治主要是利用病原菌拮抗微生物的拮抗作用。常见的拮抗微生物包括木霉、芽孢杆菌、酵母菌等。拮抗机制主要包括竞争作用、抗生物质的作用、寄生作用、捕食作用以及交叉保护作用。抗生物质在果树病害防治中应用较为广泛。我国开发研制的抗生素主要有井冈霉素、春雷霉素、多抗霉素、嘧啶核苷类抗菌素、中生菌素、宁南霉素等。

4. 以鸟治虫

保护害虫的天敌，包括益鸟。啄木鸟对控制蛀干类害虫非常有效。

5. 昆虫性外激素的应用

利用性诱芯做成诱捕器，可以杀死梨小食心虫、桃小食心虫、苹果小卷叶蛾等害虫。利用性迷向法，向果园释放大量的性外激素，破坏雌雄虫之间正常的信息联系，使雄虫找不到雌虫，不能进行交配，降低了下一代的虫口数量。

（七）化学防治方法

化学农药防治果树病虫害是一种高效、速效、特效的防治技术，但它存有严重的副作用，如病虫易产生抗性、对人畜不安全、杀伤天敌等。因此，使用化学农药只能作为病虫害发生时的应急措施，是在其他防治措施效果不明显时才采用的防治措施，进行化学防治要慎重。在使用中，我们必须严格执行农药安全使用标准，减少化学农药的使用量，合理使用农药增效剂。适时打药，均匀喷药，轮换用药，安全施药。

根据防治对象的不同，化学农药可以分为杀虫剂、杀菌剂、杀螨剂、杀线虫剂等。化学农药的施用要遵循以下原则。

1. 正确选用农药

全面了解农药性能、保护对象、防治对象、施用范围。正确选用农药品种、浓度和用药量，避免盲目用药。

（1）禁止使用剧毒、高毒、高残留农药和致畸、致癌、致突变农药。

（2）允许使用生物源农药、矿物源农药及低毒、低残留的化学农药。允许使用的杀虫杀螨剂有 Bt 制剂（苏云金杆菌）、白僵菌制剂、烟碱、苦参碱、阿维菌素、浏阳霉素、敌百虫、辛硫磷、四螨嗪、吡虫啉、啶虫脒、灭幼脲、杀铃脲、噻嗪酮、氟虫脲、马拉硫磷、噻螨酮等；允许使用的杀菌剂有中生菌素、多抗霉素、波尔多液、石硫合剂、菌毒清、腐必清、嘧啶核苷类抗生素、甲基硫菌灵、多菌灵、异菌脲、三唑酮、代森锰锌、百菌清、氟硅唑、三乙膦酸铝、噁酮·锰锌、戊唑醇、苯醚甲环唑、腈菌唑等。

（3）限制使用的中等毒性农药品种有甲氰菊酯、来福灵、氰戊菊酯、氯氰菊酯、敌敌畏、哒螨灵、抗蚜威、毒死蜱、杀螟硫磷等。限制使用的农药每种每年最多使用 1 次，安全间隔期在 30 天以上。

2. 适时用药

正确选择用药时机可以既有效防治病虫害，又不杀伤或少杀伤天敌。果树病虫害化学防治的最佳时期如下。

（1）病虫害发生初期。化学防治应在病虫害初发阶段或尚未蔓延流行之前，或在害虫发生量小，尚未开始大量取食危害之前。此时防治对压低病虫基数，提高防治效果有事半功倍的效果。

（2）病虫生命活动最弱期。在 3 龄前的害虫幼龄阶段，虫体小、体壁薄、食量小、活动比较集中、抗药性差。如防治介壳虫，可在幼虫分泌蜡质前防治。于芽鳞片内越冬的梨黑星病病原菌，随鳞片开张而散发进行初侵染，此时防治可有效抑制病害。

（3）害虫隐蔽危害前。在一些钻蛀性害虫尚未钻蛀之前进行防治。如卷叶蛾类害虫应在卷叶之前，食心虫类应在入果之前，蛀干害虫应在蛀干之前或蛀干初期为最佳防治期等。

（4）树体抗药性较强期。果树在花期、萌芽期、幼果期最易产生药害，应尽量不施药或少施药。而在生长停止期和休眠期防治，尤其是病虫越冬期，其潜伏场所比较集中，虫龄也比较一致，有利于集中消灭，且果树抗药性强。

（5）避开天敌高峰期。利用天敌防治害虫是既经济又有效的方法。因此，在喷药时，应尽量避开天敌发生高峰期，以免伤害天敌。

（6）选好天气和时间。防治病虫害，不宜在大风天气喷药，也不能在雨天喷药，以免影响药效。同时也不应在晴天中午用药，以免温度过高产生药害、灼伤叶片。因此，宜选晴天，16：00 以后至傍晚进行，此时叶片吸水力强，吸收药液多，防治效果好。

（7）按防治指标防治。以苹果为例，当果实受桃小食心虫卵果率为 1％时；金纹细蛾在苹果落花后至麦收前，平均每 100 片树叶有 1 头活虫时；麦收前，每片叶有山楂叶螨或苹果全爪螨 2 头时；

苹果蚜虫，虫梢率为 20％时进行防治最为经济有效。

3. 使用方法

（1）使用浓度。用液剂喷雾时，往往需用水将药剂配成或稀释成适当的浓度，浓度过高会造成药害和浪费，浓度过低则无效。有些非可湿性的或难于湿润的粉剂，应先加入少许水，将药粉调成糊状，然后再加水配制，也可以在配制时添加一些湿润剂。

（2）喷药时间。喷药时间过早会造成浪费或降低防效，过迟则大量病原物已经侵入寄主，即使喷内吸治疗剂，也收获不大，应根据发病规律和当时情况或根据短期预测，及时在没有发病或刚刚发病时就喷药保护。

（3）喷药次数。喷药次数主要根据药剂残效期的长短和气象条件来确定，一般隔 10～15 天喷 1 次，雨前抢喷，雨后补喷，应考虑成本，节约用药。

（4）喷药质量。喷药量要适宜，过少就不能对植株各部分都周密地加以保护，过多则浪费甚至造成药害。喷药要求雾点细，喷得均匀，包括叶片的正面和反面都要喷到。

（5）药害问题。药剂对植物造成药害有多种原因，水溶性较强的药剂容易发生药害，不同作物对药剂的敏感性也不同。例如，波尔多液一般不会造成药害，但对铜敏感的作物可产生药害。作物的不同发育阶段对药剂的反应也不同，一般幼果和花期容易产生药害。另外与气象条件也有关系，一般以气温和日照的影响较为明显，高温、日照强烈或雾重、高湿都容易引起药害。如果施药浓度过高造成药害，可喷清水，以冲去残留在叶片表面的农药。喷高锰酸钾 6 000 倍液能有效地缓解药害，结合浇水，补施一些速效化肥，同时中耕松土，能有效地促进果树尽快恢复生长发育。在药害未完全解除之前，尽量减少使用农药。

（6）药剂混用。一般遇碱性物质易分解失效的农药，不能与碱性物质混用。例如，碱性杀菌剂（如波尔多液、石硫合剂等）不能和敌敌畏等混合使用。混合后产生化学反应能引起药害的药剂也不能混合施用。有少数农药混合后起增效作用。

（7）抗药性问题。抗药性是指由于长期使用农药，使病虫具有耐受一定农药剂量（可杀死正常种群大部分个体的药量）的能力，并且这种对农药剂量的耐受能力能够在种群中扩散的现象。抗药性是一个相对的概念，它是针对某个或某类农药来说，相对于病虫敏感种群或正常的种群而言具有较强的忍耐能力。抗药性的产生，实际上是病虫群体对某种农药长期施用后的耐受能力的增强，是长期单一使用某种农药后种群自然选择的结果，是在有农药的选择压力下病虫维持自身种群的一种优胜劣汰的策略。抗药性产生的原因很多，最为主要的原因是长期、大量的使用单一种类的农药或者是某类容易出现交互抗性的农药，使某种病虫长期处于这种农药的选择压力之下。长期使用单一的农药种类或机制相类似的药剂，使相对敏感的个体被杀死或减少，少数个体由于遗传突变、重组交换等表现出可耐受性，并能够得以生存繁殖形成种群，而表现出病虫群体对这种药剂的耐受能力增强，即表现出抗药性。

为避免抗药性的产生，一是在防治过程中采取综合防治，不要单纯依靠化学农药，应采取农业防治、物理防治、生物防治等综合措施，使其相互配合，取长补短。尽量减少化学农药的使用量和使用次数，降低对害虫的选择压力。二是要科学地使用农药，首先加强预测预报工作，选好对口农药，抓住关键时期用药。同时采取隐蔽施药、局部施药、挑治等方式，保护天敌和小量敏感害虫，使抗性种群不易形成。三是选用不同作用机制的药剂交替使用、轮换用药，避免单一药剂连续使用。四是不同作用机制的药剂混合使用，或现混现用，或加工成制剂使用。另外注意增效剂的利用。有些化学药剂，单独使用没有杀虫效果，但与杀虫剂混合却能大大提高杀虫剂的药效，延长使用寿命。

4. 农药安全使用

（1）农药配制时的注意事项。

①农药配制时取用量要根据其制剂有效成分的百分含量、单位面积的有效成分用量和施药面积来计算。

②不能用饮水桶配药，不能用盛药水的桶直接下沟河取水，不

能用手或胳臂伸入药液或粉剂中搅拌。

③开启农药包装及称量配制时，操作人员应穿戴必要的防护服和口罩等。

④配制农药人员必须经专业培训，掌握必要技术并熟悉所用农药性能。

⑤孕妇、哺乳期妇女不能参与配药。

⑥配药器械一般要求专用，每次用后要洗净，不得在河流、小溪、井边、池塘等水体冲洗。

⑦少数剩余和不要的农药应妥善处理，防止污染环境。

（2）安全防护要注意的事项。

①在农药的贮运、配制、施药、清洗过程中，要穿戴必要的防护用具，尽量避免皮肤与农药接触。

②田间施药前，要检查药械是否完好，以免施药过程中出现药液跑、冒、滴、漏现象。

③施药人员操作过程中要严禁进食、喝水或抽烟。

④施药时人要站在上风头，实行作物隔行施药操作。

⑤施药后要及时更换工作服，及时清洗手、脸等暴露部分的皮肤，清洗使用过的衣服以及药械等。同时注意清洗废水不要污染河流、池塘等。

⑥严格按照农药核准标签上登记的防治对象、使用范围、安全间隔期、使用剂量和施药次数进行施药，这是安全用药的重要保障。

三、苹果主要病虫害绿色防控

（一）苹果主要病害

1. 苹果树腐烂病

（1）发病规律。真菌病害。病原菌以菌丝体、分生孢子器、子囊壳、孢子角等在病树皮下及残枝干上越冬。翌春，产生分生孢子角，通过雨水淋溅或冲散的分生孢子随风传播，传播距离不超过10米。孢子萌发后通过伤口侵入，也可通过自然孔口侵入。主要侵染时期是3月下旬至5月中旬，每年一般出现2个发病高峰，即3～4月和7～9月，3～4月病斑扩展快，新病斑数量多，病组织软、烂，酒糟味浓烈；7～9月危害较春季轻，10月以后病斑处于相对静止期。

腐烂病的发生与苹果树势和果园管理水平有密切关系。树势健壮、营养条件好的苹果树不易发病。果园有机肥缺乏或追施氮肥过多、地下水位高、土层瘠薄、果树修剪不当或修剪过重等均可导致树势衰弱，易诱发腐烂病；周期性冻害、苹果树向阳面枝干日灼亦会导致腐烂病加重。

（2）防治方法。

①从加强综合栽培管理入手，增强树势，提高其抗寒、抗病能力，是预防腐烂病的根本措施。对施肥少的果园，要增施有机肥和磷肥、钾肥，提高树体贮藏营养的水平，使植株健壮生长。大年时注意疏花疏果，严格控制负载量。

②清除病原菌。随时剪除树上的小病枝，清除病皮、枯桩，集中焚毁。春季果树萌芽前，喷布5波美度的石硫合剂，消灭病原菌。

③在发病后及时发现，及时刮治。春季腐烂病高发季节，经常

检查容易发病部位，随时发现，随时刮治。刮治时，要求刮口平整光滑，茬口略向外斜，利于伤口愈合。病疤刮成梭形，拐角处要圆滑，剔除病部外，将好皮也要削去 5 毫米宽。如果皮没有烂透，只需把上层病皮刮去。刮后在伤口处涂抹杀菌剂（多菌灵、戊唑醇、铜制剂等）。

④如果病疤较大，可以采用桥接的方法，增强养分输导，加快树势的恢复。

2. 苹果轮纹病

（1）发病规律。真菌病害。病原菌以菌丝体、分生孢子器及子囊壳在受害枝干上越冬，菌丝在枝干病组织中可存活 4～5 年，春季通过菌丝体直接侵染或通过雨后产生的分生孢子侵染树干，枝干上的病原菌为该病的主要传染源。果实从幼果期至成熟期均可被侵染，但以幼果期为主，采果前为发病盛期。

轮纹病的发生和流行与气候、树势和品种等关系密切。高温多雨或降雨早且频繁的年份发病重，管理粗放、挂果过多以及施肥不当，尤其是偏施氮肥的果园发病重。树体衰弱的植株、老弱枝干及老病园内补植的小树均易染病。

（2）防治方法。

①加强栽培管理，增强树势。改良土壤，提高保水能力，旱季灌溉，雨季防涝。同时要保护树体，防止冻害及虫害等，对已经出现的枝干伤口，涂药保护，促进伤口愈合。

②及时检查并刮治病疤。该病一般仅限于皮层，刮去上层病皮并涂消毒剂保护。从 3 月开始及时刮治病疤，刮后用 1‰硫酸铜或 70％甲基硫菌灵可湿性粉剂 100 倍液消毒伤口，然后用波尔多液保护。生长季节（5～7 月）对病树可施行重刮皮，除掉病组织。刮掉的树皮都要集中烧毁或深埋。

③喷药保护。一般从苹果落花后开始直到 9 月，结合防治其他病害，每隔 15 天左右喷药 1 次。常用药剂及浓度：1∶2∶240 倍波尔多液，或 80％代森锰锌可湿性粉剂 800～1 000 倍液，或 70％甲基硫菌灵可湿性粉剂 800～1 000 倍液，或 25％戊唑醇水乳剂

1 500倍液等。幼果期温度低、湿度大时，不要使用铜制剂，以免产生果锈。

④果实套袋。谢花20天后，对果实套纸袋保护，也是较好的防治方法。

3. 苹果炭疽病

（1）发病规律。真菌病害。病原菌以菌丝在树上的病果、僵果、果台、干枯枝等部位越冬。翌春，以分生孢子通过雨水或昆虫传播。苹果炭疽病侵染具有潜伏侵染特征，该病在整个生长期中可多次再侵染，在北方果区，每年5月底、6月初进入侵染初期，7～8月为发病盛期。在贮藏期间，仍能陆续出现病斑。

炭疽病的发生与气候、果园肥水管理和果树品种的关系密切。炭疽病病原菌在高温、高湿、多雨情况下繁殖传播迅速，果园地势低洼、土壤黏重、雨后积水、通风不良有利于发病，果园株行距小、树冠大而密闭、偏施速效氮肥有利于病害的发生，以刺槐树作防风林的苹果园，炭疽病发病较重。

（2）防治方法。

①加强栽培管理，增强树势，提高抗病力。果园增施有机肥，合理修剪，及时中耕除草，避免间种高秆作物，及时排水，苹果园周围不要栽植刺槐树作防风林。

②清洁果园，减少菌源。冬季清除树上和树下的病僵果，结合修剪去除枯枝、病虫枝，并刮除病树皮，以减少侵染来源。初期发现病果要及时摘除，防止扩大蔓延。

③喷药保护。从幼果期开始直到9月，结合防治其他病害，每隔15天左右喷1次药。常用药剂及浓度：1∶2∶200的波尔多液，或70%甲基硫菌灵可湿性粉剂800倍液，或43%戊唑醇悬浮剂3 000倍液，或25%咪鲜胺乳剂600倍液等。

4. 苹果斑点落叶病

（1）发病规律。真菌病害。病原菌以菌丝在芽外部鳞片到芽内越冬，翌春，产生分生孢子，随气流、风雨传播，从果树伤口或直接侵入进行初侵染。分生孢子一年有2个活动高峰，第一个高峰从

5 月上旬至 6 月中旬，第二个高峰在 9 月，造成大量落叶。

该病的发生、流行与气候密切相关。高温多雨病害易发生，树势衰弱、通风透光不良，地势低洼、地下水位高、枝细叶嫩等均易发病。

（2）防治方法。

①加强栽培管理，增强树势，提高抗病力。合理施肥，增强树势，提高抗病力；及时修剪，改善果园通透性，减少后期侵染源。

②药剂防治。落花后开始喷药，以后每隔 15 天左右喷 1 次。常用药剂及浓度：50％异菌脲可湿性粉剂 1 000 倍液，或 10％多抗霉素可湿性粉剂 1 000～1 500 倍液，或 1∶2∶200 的波尔多液，或 80％代森锰锌 800 倍液等。果实套袋，果园在套袋后可喷 1∶2∶200 波尔多液等铜制剂。

5. 苹果褐斑病

（1）发病规律。以菌丝、分生孢子盘或子囊盘在落地的病叶上越冬，翌春，产生拟分生孢子和子囊孢子，借风雨传播，从叶的正面或背面侵入，田间 5～6 月始发，7～8 月进入盛发期，10 月停止扩展。

（2）防治方法。

①加强栽培管理，提高树体抗病力。合理施肥，增强树势，提高抗病力；注意果园排水，及时修剪，以减轻病害发生。

②清洁果园，减少菌源。秋末冬初剪除病枝，清除落叶，以减少初侵染源。

③药剂防治。落花后开始喷药，以后每隔 15 天左右喷 1 次，连喷防治 3～4 次。常用药剂及浓度：25％戊唑醇水乳剂 1 500 倍液，或 50％异菌脲可湿性粉剂 1 000 倍液，或 1∶2∶200 的波尔多液，或 70％代森锰锌可湿性粉剂 600 倍液，或 25％吡唑醚菌酯乳油 2 000 倍液等。如用波尔多液，用药间隔期应为 1 个月，但幼果易受药害，使用时应注意。

6. 苹果霉心病

（1）发病规律。真菌病害。病原菌以菌丝体在病僵果或坏死组织内或以孢子潜藏于芽的鳞片间越冬，翌春，产生各种类型的孢子，借风雨传播，在苹果花期从萼筒进入心室，后孢子潜伏于果心内，6月可见病果脱落，果实生长后期发病较多。

该病的发生与气候、品种密切相关。降雨早、花期雨水多、气候潮湿、果园地势低洼、通风不良等条件利于发病；果园管理水平差、中心果、硬度差的果发病重；采收后冷藏不及时，贮藏温度高，发病尤重。

（2）防治方法。

①建园时注意选择地势高燥的地块，栽植密度不要过大，控制枝量，保证果园通风透光。

②清扫果园，把病果、病花、病叶、病枝收集起来，烧毁。

③萌芽前喷1次5波美度石硫合剂。苹果花期前后喷药防治。常用药剂及浓度：10％多抗霉素可湿性粉剂1 000倍液，或75％百菌清可湿性粉剂600倍液，或50％异菌脲可湿性粉剂1 000倍液等。

7. 苹果白粉病

（1）发病规律。白粉病属真菌性病害，病原菌为叉丝单囊壳，病斑表面的白粉状物即为病原菌的大量孢子。该病原菌主要在病芽内越冬，翌年，病芽萌发形成病梢，产生大量病原菌孢子，成为初侵染源。病原菌借气流传播，从气孔侵染幼叶、幼果进行危害。白粉病病原菌主要侵染幼嫩叶片，一年有2个发病高峰，与新梢生长期相吻合，但以春梢生长期发病较重。

白粉病菌喜湿怕水，春季温暖干旱、夏季多雨凉爽、秋季晴朗，有利于病害的发生和流行；连续下雨会抑制白粉病的发生。一般在干旱年份的潮湿环境中发生较重。果园偏施氮肥或钾肥不足、种植过密、土壤黏重、积水过多发病重。

（2）防治方法。

①加强果园管理。采用配方施肥技术，增施有机肥，避免偏施氮肥，增施磷肥、钾肥；合理密植，及时修剪，控制灌水，创造不利于病害发生的环境条件。

②及时剪除病梢。在发病严重的果园，开花前后及时剪除病梢，集中深埋或销毁。剪病梢时要将所剪下病梢装入塑料袋中并及时深埋或销毁，避免病原菌在园内继续扩散。

③药剂防治。一般果园，在萌芽后开花前和落花后各喷药1次即可有效控制该病发生；严重果园，需在落花后10～15天再喷药1次。常用有效药剂及浓度：25％戊唑醇乳油2 000倍液，或40％氟硅唑乳油5 000倍液，或15％三唑酮可湿性粉剂1 000倍液，或12.5％腈菌唑可湿性粉剂1 500倍液。

8. 苹果水锈病

（1）发病规律。水锈病是蝇粪病和煤污病的总称，是病原菌在果实表面附生造成的，属真菌性病害。引起蝇粪病的病原菌为仁果细盾霉，引起煤污病的病菌为仁果黏壳孢，两者均为果面附生物。这两种病原菌均主要在枝、芽、果台、树皮等处越冬，多雨季节借风雨传播到果面上，以果面分泌物为营养进行附生，不侵入果实内部。果实生长中后期，多雨年份或低洼潮湿、树冠郁闭通风透光不良的果树容易发病。

（2）防治方法。

①加强果园管理。合理修剪，改善树体通风透光条件，雨季及时排除积水，注意中耕除草，降低果园湿度，创造不利于病害发生的环境条件。

②适时喷药防治。多雨年份及地势低洼果园，果实生长中后期喷药2次左右，即可有效防治水锈病的发生。常用有效药剂及浓度：43％戊唑醇悬浮剂2 000倍液，或68.75％噁酮·锰锌水分散粒剂1 000倍液，或70％甲基硫菌灵可湿性粉剂800倍液，或50％多菌灵可湿性粉剂600倍液等。

③果实套袋。果实套袋可有效阻断病原菌的附生，而防止该病发生。

④做好蚜虫的防治工作，防止分泌物污染果面。

9. 苹果锈病

（1）发病规律。锈病是一种转主寄生性真菌病害，病原菌为山田胶锈菌，其转主寄主为桧柏。桧柏受害，主要在小枝上产生黄褐色至褐色的瘤状物（菌瘿）。病原菌则在转主寄主桧柏上以瘤状物结构越冬。翌年春季，高湿条件下越冬病原菌产生孢子，该孢子经气流传播到苹果幼嫩组织上，从气孔侵染危害叶片、果实等。苹果发病后，先产生性孢子（在橙黄色的小点内产生）、再产生锈孢子（由黄褐色长毛状物产生），锈孢子经气流传播侵染桧柏，并在桧柏上越冬。因此，该病没有再侵染，一年只发生1次。

锈病是否发生及发生轻重与桧柏远近及多少关系密切，若苹果园周围5 000米内没有桧柏，则不会发生锈病。在有桧柏的前提下，苹果开花前后降雨情况是影响病害发生的决定因素。

（2）防治方法。

①消灭或减少初侵染来源。彻底砍除果园周围5 000米内的桧柏，可基本防止锈病发生。如果不能砍除果园周围桧柏，可在苹果萌芽前修剪桧柏，彻底剪除在桧柏上越冬的菌瘿，而后集中销毁；也可于苹果发芽前在桧柏上杀灭越冬病原菌。

②药剂保护苹果树。有发病条件且历年锈病发生严重的苹果园，在苹果展叶至开花前、落花后及落花后半个月左右各喷药1次，即可有效控制锈病发生。常用有效药剂及浓度：25％戊唑醇乳油2 000倍液，或40％氟硅唑乳油5 000倍液，或12.5％腈菌唑可湿性粉剂1 500～2 000倍液等，均有良好的防治效果。

③喷药保护桧柏。不能砍除桧柏时，可对桧柏喷药进行保护。一般从苹果叶片背面产生黄褐色毛状物后开始在桧柏上喷药，10～15天后再喷1次，即可基本控制桧柏受害。有效药剂同苹果树用药。

10. 苹果锈果病

（1）发病规律。锈果病属全株型类病毒病害，由苹果锈果类病毒（ASSD）引起，苹果受害后，全株都有病毒，终身受害。该病在果园主要通过嫁接果树和根系接触传染，无论砧木或接穗，只要一方带毒，均可嫁接传染。另外，也可能通过在病树上用过的刀、剪、锯等工具接触传播。梨树是该病的带毒寄主，但不表现明显症状，却可通过根接触传染苹果。远距离传播主要通过带病苗木的调运。

（2）防治方法。锈果病目前还没有切实有效的治疗方法，主要应立足于预防。

①培育和利用无病苗木或接穗。杜绝在病树上剪取接穗，禁止在病树上扩繁新品种，这是防止锈果病发生的最主要措施。

②避免苹果、梨混栽。防止梨树带毒传染。

③清理病树。发现病树，应立即彻底刨除（应刨净病树根），防止扩散蔓延。

④注意果园作业。避免使用修剪过病树的刀、剪、锯修剪健树，防止工具传播。

11. 花叶病

（1）发病规律。花叶病属全株型病毒性病害，由李属坏死环斑病毒苹果株系引起。苹果受害后，全株都有病毒，终身受害。该病主要通过嫁接传播，无论接穗还是砧木带毒，都是侵染来源。轻病树，对树体基本没有较大影响；重病树，结果率降低，甚至丧失结果能力。

（2）防治方法。

①培育和利用无病苗木或接穗。这是防治花叶病的最根本措施。育苗时选用无病实生砧木，并避免在病树上剪取接穗。同时，禁止在病树上扩繁新品种。

②拔除病苗。苗圃内发现病苗，彻底拔出销毁。

③加强病树管理。轻病树，加强肥水管理，增施农家肥等有机肥，适当重剪，增强树势，提高树体的抗病能力，减轻病情危害。对丧失结果能力的重病树，及时彻底刨除。

12. 套袋苹果黑点病

（1）发生特点。套袋果黑点病只发生在套袋苹果上，在果实表面产生小黑点或小黑斑是其主要症状特点。黑点多发生在萼洼处，有时也产生在胴部或肩部。黑点只局限在果实表层，不深入果肉内部，仅影响果实的外观品质，黑点呈针尖大小至小米粒大小不等，常几个至数十个，连片后呈黑褐色大斑。

套袋果黑点病的发生原因目前尚不完全明确，但根据大量试验研究及田间防治结果表明，套袋前果实萼洼处有粉红聚端孢霉菌、链格孢霉菌、交链孢霉菌等真菌存在，套袋后病菌侵染危害，是该病发生的主要因素。另外，药害、虫害及缺钙均有可能导致套袋果黑点的发生。据田间观察，影响套袋果黑点病发生轻重的因素主要有套袋前农药喷用情况、纸袋质量、高温和高湿等气候因素、果园施肥状况等四个方面。

（2）防治方法。

①选用优质果袋。选择透气性强、遮光好、耐老化的优质苹果袋。

②套袋前喷药。套袋前喷 3～4 次 68.75％噁酮·锰锌水分散粒剂 1 000 倍液，或 70％代森锰锌可湿性粉剂 800～1 000 倍液，或 1.5％多抗霉素可湿性粉剂 300 倍液，或 43％戊唑醇悬浮剂 5 000 倍液，或 50％异菌脲可湿性粉剂 1 000 倍液等，可显著减轻病害发生，这几种药剂在幼果期使用相对比较安全。

③套袋前安全用药。幼果期的苹果非常敏感，用药不当极易造成药害。因此，套袋前必须选用优质安全农药，避免因药害造成黑点。

④增施钙肥。果实缺钙可以加重黑点病的发生，因此，秋施基肥时应增施硅钙镁钾肥，以及落花后至套袋前树上喷施优质钙肥，均可减轻或抑制黑点病的发生。根部补钙以选用硅钙镁钾肥与有机肥混合施用效果较好，一般每株使用 0.8～1 千克为宜。树上喷钙在落花后 3 周至套袋前进行，每 10 天左右 1 次，应连喷 3～4 次。宜选用速效钙，如翠康钙宝 1 000～1 500 倍液，或黄腐酸钙 400～500 倍液等。

⑤加强害虫防治。主要是加强对介壳虫的防治，防止其进袋危害。

13. 苹果圆斑根腐病

（1）发病规律。苹果圆斑根腐病是镰刀菌引起的根部病害，主

要在根部表现病状，但也可以从地上部判断发病情况，根系受害势
必影响地下部养分和水分的正常输送，从而导致地上部的叶片、枝
条、果实生长出现异常现象。

①发病症状。一般地上部发病的症状主要表现在生长的新梢和
叶片上，严重时枝条和果实也表现症状，根据发病的轻重有5种发
病症状。

A. 叶缘焦枯型。发病时间多在花后，主要表现是新梢的叶
片，如在一个新梢上连续出现5～7个叶片的边缘焦枯，中间部分
保持正常，病叶不会很快脱落。即可判定为圆斑根腐病已经轻度
发生。

B. 新梢封顶型。发病时间多在花刚落以后，主要表现在新梢
上，如一棵树绝大多数新梢在很短时间内封顶，而树干没有环剥处
理，上一年也没有发生早期落叶病，或者没有其他病虫害出现，即
可判断圆斑根腐病已经中度发生。

C. 叶片萎蔫型。春季发病表现萌芽迟缓，新梢生长缓慢，叶
片小而黄，叶丛萎蔫，严重时枝条失水，花蕾不能正常开放。夏季
发病多在7月、8月，主要表现在新梢的叶片上，上午和下午气温
较低时，叶片表现正常，中午气温较高时叶片表现萎蔫，持续一段
时间后，枝条失水皱缩，有时表皮干死、翘起，呈油皮纸状。树势
开始衰弱，果实生长发育缓慢。一般患病多年、树势衰弱的大树多
属这一类型。

D. 叶片青干型。是叶片萎蔫型的继续，上一年或当年感病而
且病势发展迅速的病株，即发病严重的果树根部病害进一步蔓延，
根系逐渐失去吸收水分和养分的能力，病株叶片骤然失水青干，多
数从叶缘向内发展，但也有沿主脉向外扩展的。在青干与健全叶肉
组织分界处有明显的红褐色晕带，严重青干的叶片不久即脱落。树
势极度衰弱，新梢停长，果实也开始萎蔫；由于叶片失去水分和养
分的供应，由短时间的萎蔫转向青干，枝条或树体接近死亡或死
亡。严重时青干的叶片脱落。

E. 枝枯型。病株根部严重腐烂，当大根已烂到根颈部时呈现

的特殊症状。

如发现上述 5 种类型中的任何一种症状，可推摇树干，有明显摇晃感，说明根系此时已经发病。苹果圆斑根腐病还可通过地下病根确诊，病根的症状如下：首先在树上部发病明显的新梢、枝条或叶片集中处垂直投影范围内挖根，根腐病发病多从吸收根开始，染病的病根变褐枯死，并延及主根和侧根，在主根、侧根上常见发病的吸收根基部形成一个红褐色的腐烂小圆斑，随着病斑的扩展和相互愈合，深达主根、侧根的木质部，使整段根变黑死亡。病根逐级蔓延，从吸收根开始发病，使支根、侧根、主根依次染病，并在各级根上出现大小不等的圆形或近圆形黑褐色病斑，手按有弹性。在此过程中，病根也可因树势的强弱交替反复产生愈伤组织并再生新根，病健组织交错，病部变得凹凸不平。

②发病原因。苹果圆斑根腐病的病原菌为尖孢镰刀菌、茄属镰刀菌和弯角镰刀菌，3 种镰刀菌均为土壤习居菌或半习居菌。这些病原菌在土壤中大量存在并长期进行腐生生活，也可寄生于果树根部，并且表现弱寄生，就是当树势强健时几乎不发病，只有当树势衰弱时才可能发病。当苹果树根系生长衰弱时，病菌侵入根部发病。果园土壤黏重板结、盐碱过重、长期干旱缺肥，水土流失严重，大小年现象严重及管理不当的果园发病较重。发生圆斑根腐病的主要原因有以下几种。

A. 新建果园平整土地，耕层有机质含量低，没有及时改良土壤；或者果园土壤瘠薄，有机质含量低；或者长期偏施化肥，忽视有机肥的施用或排灌设备差，雨后不能及时中耕，土壤板结严重等都是病害的诱因。

B. 选用重茬苗建园，不注意根系消毒；栽植带病苗木，进入大量结果期，树体吸收养分受到限制，树势衰弱，抗性下降发病。

C. 果园管理粗放，投资低，效益差，形成恶性循环，早期落叶病、腐烂病或叶螨等病虫害发生严重，或者大小年结果明显，加之忽视营养供给，常常导致树势极度衰弱发病。

D. 连年环剥环切，处理部位愈合不良，使树体养分疏导不畅，根叶不能进行正常的生理活动，根系生长不良，导致树势衰弱发病。

E. 研究结果显示，苹果圆斑根腐病与果园土壤缺钾关系密切，在缺钾的果园树体不抗旱，容易发病；反之，施钾量大或不缺钾的果园，发病就轻或几乎不发病。这在连年间作甘薯、马铃薯、西瓜等需钾量大的果园表现十分明显，应引起注意。

（2）防治方法。

①防治苹果圆斑根腐病应立足于加强果园土肥水管理，增强树势。生产上可增施有机肥，配合适量微量元素肥。改良土壤，肥力差的果园，要多种绿肥压青，配合雨后采用土壤调理剂免深耕处理，可有效提高土壤肥力，改善土壤的团粒结构，增加土壤的通透性，改善根系生境，抑制病害的发生，以及合理修剪，调节树体结果量，控制大小年等。

②在水分管理上，注意改善果园的排灌设施，做到旱能浇、涝能排；科学用水，尽量不要大水漫灌或串灌；改良土壤结构，防止水土流失。有条件的果园，应当采用滴灌或渗灌方式，注意做到旱灌涝排，减轻病害的发生。

③除幼龄果园外，一般不建议间作其他作物，特别是需钾量大的作物，提倡通过果园行间生草，达到培肥地力、疏松土壤、蓄水保墒的目的。

④当病害发生时，说明根系对养分和水分的吸收、转化和运输能力有所下降，此时应适当增加根外追肥次数，本着少量多次的原则，每10～15天喷施1次600～800倍液的果友氨基酸，或硕丰481（芸薹素）8 000倍液，并在提高叶片的光合能力的基础上，进行疏花疏果，合理负载，减轻树体的负担，集中营养壮根抗病。

⑤进行防治时，根据发病程度处理，病害较轻可进行晾根杀菌，即将根部周围土壤挖出，晾晒1～2天，并回填腐熟草木灰和农家肥，配合适量有机无机生物肥或硅钙镁钾肥即可。

⑥病害中度发生时，挖开根部土壤，视病斑多少或病根的多寡，刮除病斑或切除病根，并浇灌25%戊唑醇乳油500倍液，或

70％甲基硫菌灵可湿性粉剂 800 倍液，等药液完全下渗后，再回填腐熟草木灰和农家肥，配合适量荣昌硅钙镁钾肥。

⑦当发病较重时，应注意将切除病根和灌根同步进行，可将杀菌剂和生根剂、微肥、生物肥、稀土肥混合使用，发挥杀菌、生根、发根、壮根四效合一的作用。如根部浇灌 25％戊唑醇乳油 500 倍液＋APT 生根粉 3 000～5 000 倍液，等药液完全下渗后，回填腐熟草木灰和农家肥，配合适量硅钙镁钾肥，这样可以提高防治效果。

值得一提的是，在防治苹果圆斑根腐病的同时，应注意处理病树前，先在其周围开挖隔离沟，回填药土，防止病原菌通过菌索蔓延扩展；处理病根后开挖的病部土壤也要运出园外集中处理，防止再次传播蔓延。另外，圆斑病灌根不宜采用石硫合剂或硫酸铜等强碱性杀菌剂，这类杀菌剂处理后杀菌虽好，但增加了根部土壤的酸碱度，不利于养分的转化吸收，从而限制了根系的生长，容易导致病害的复发。

14. 苹果树白绢病

（1）发病规律。苹果树白绢病又称茎基腐病、烂葫芦。主要危害 4～10 年生幼树或成年树的根颈部。高温多雨季节易发病。叶小且黄，枝梢节间缩短，果多且小。根部染病，根颈部呈多汁液湿腐状。病部变成黄褐色或红褐色，严重的皮层组织腐烂如泥、发出刺鼻酸味，致木质部变成灰青色。病部或近地面土表覆有白色菌丝。湿度大时，生出很多褐色或深褐色、油菜籽状的菌核。叶片染病也可出现水渍状轮纹斑，直径约 2 厘米，病部中央也能长出小菌核。1～3 年生幼树染病后很快死亡，成龄树当病斑环茎 1 周后，地上部亦突然死亡。

病原菌以菌丝在病部或以菌核在土表越冬，通过农事操作或灌溉水进行传播蔓延。遇有适宜条件，病原菌从苹果树根颈部伤口或嫁接口侵入。该病多在雨季发生，高温高湿是发病的重要条件，气温 30～38℃经 3 天菌核即可萌发，再经 8～9 天又可形成新的菌核。凡地势低洼、排水不畅或定植过深、培土过厚，或根颈部受高温日灼引致伤口发病重。

（2）防治方法。

①选用抗病砧木，培育抗病力强的树苗，对病树及时更新或视具体情况在早春进行桥接或靠接，进行挽救。

②在病区要定期检查病情，有条件的在树下种植矮生绿肥，防止地面高温灼伤根颈部，以减少发病。

③必要时病区可用 40％五氯硝基苯粉剂 1 千克加细干土 40～50 千克混匀后撒施于根颈基部土壤上。也可喷 20％甲基立枯磷（利克菌）乳油 800～1 000 倍液，或 50％霜·福·稻瘟灵可湿性粉剂 900 倍液，或 36％甲基硫菌灵悬浮剂 500 倍液。

15. 苹果根朽病

（1）发病规律。苹果假蜜环菌和蜜环菌引发的根朽病，地上部均表现为树势衰弱，叶色变浅黄色或顶端生长不良，严重时致部分枝条或整株死亡。假蜜环菌根朽病主要危害根颈部和主根。小根、主侧根及根颈部染病，病菌沿根颈或主根向上下蔓延，致根颈部呈环割状，病部水渍状，紫褐色，有的溢出褐色液体，该菌能分泌果胶酶、致皮层细胞果胶质分解，使皮层形成多层薄片状扇形菌丝层，并散发出蘑菇气味，有时可见蜜黄色子实体。在我国假蜜环菌根朽病较为常见。

蜜环菌根朽病的特征是树体基部出现黑褐色或黑色根状菌索或蜜环状物，病根树皮内生出白色或浅黄色菌丝，在木质部和树皮之间出现白色扇形菌丛团。蜜环菌根朽病病原菌可寄生在针叶树、阔叶树的基部，也可寄生于苹果、梨、草莓、马铃薯等作物上，引发根腐。

根朽病病原菌以菌丝体或根状菌索及菌索在病株根部或残留在土壤中的根上越冬。主要靠病根或病残体与健根接触传染，病原菌分泌胶质黏附后，再产生小分枝直接侵入根中，也可从根部伤口侵入。此外，从病原菌子实体上产生的担孢子，借气流传播，落到树木残根上后，遇有适宜条件，担孢子萌发，长出的菌丝体侵入根部，然后长出根状菌索，当菌索尖端与健根接触时，便产生分支侵入根部。

（2）防治方法。

①发现染病后，及时清除病根。对整条腐烂根，需从根基砍除，并细心刮除病部，直至将病根挖除。再用 $1\%\sim2\%$ 的硫酸铜溶液消毒，也可用 40% 五氯硝基苯粉剂配成 1：50 的药土，混匀后施于根部，用药量因树龄而异，10 年左右的大树用药量为 0.25 千克。

②加强管理。对地下水位高的苹果园，要做好开沟排水工作，尤其雨后要及时排水；增施有机肥，改良土壤透气性，增强树势。

③在早春、夏末、秋季及果树休眠期，在树干基部挖 3～5 条辐射状沟，然后浇灌 50% 甲基硫菌灵·硫黄悬浮剂 800 倍液，或 50% 苯菌灵 600 倍液，或 20% 甲基立枯磷乳油 1 000 倍液，均有较好防效。

16. 苹果树干腐病

（1）发病规律。苹果树干腐病又称胴腐病。主要危害主枝和侧枝，也可危害主干、小枝和果实。衰弱的老树和定植后管理不善的幼树较易受害。幼树染病，多在早春定植后不久，即缓苗期。先在嫁接口部位产生红褐色或黑褐色病斑，沿树干向上扩展，严重时幼树枯干死亡，受害部产生很多稍突起的小黑粒点，即病原菌分生孢子器。树干上部发病，最初产生暗褐色、椭圆形或不整形病斑，沿树干上下扩展时形成带状条斑，病健交界处有裂痕。当枝干被病斑包围时，幼树死亡，病部产生很多小黑粒点是该病的重要特征。

大树发病，初在树干上形成不规则形红褐色病斑，表面湿润，病部溢出茶褐色黏液；后病斑扩大，受害部水分逐渐丧失，形成黑褐色，有明显凹陷的干斑。病部产生很多稍突起的小黑粒点。成熟后突破表皮外露，粒点小而密，顶部开口小。这是与腐烂病的明显不同之处。严重时病斑连成一片，树皮组织全部死亡，最后可烂到木质部，整个枝干干缩死亡。有时仅发生于枝干一侧，形成凹陷条状斑，树干枯死不快。衰老的苹果树多在上部枝条发病，初在病枝上产生紫褐色或暗褐色病斑，病部迅速扩展，深达木质部，最终使全枝干枯死亡，后期病部密生黑色小粒点。果实染病，初呈黄褐色小斑，渐扩大成同心轮纹状，与轮纹斑较难区别。条件适宜，病斑迅速扩展，数天内致全果腐烂。

病原菌主要以菌丝体、分生孢子器和子囊壳在病树皮内越冬，翌春，病原菌直接以菌丝沿病部扩展危害，或产生分生孢子或子囊孢子进行侵染，多从伤口侵入，也可从枯芽或皮孔侵入。该菌寄生能力弱，只能侵害缓苗期的苗木或衰弱树，具潜伏侵染的特点，一般病原菌先在枝干伤口的坏死组织上生长一段时间，然后再向活组织扩展。栽植的树苗转入正常生长后，该病则停止扩展。孢子靠风雨传播。干旱年份或干旱季节发病重，树皮水分低于正常情况时，病原菌扩展迅速。地势低洼积水、降雨不匀；土壤肥水管理不善、盐碱重、伤口多、结果多，均有利于干腐病发生。遇伏旱或暴雨多，严重影响树势时，常造成病害流行。苹果各品种中，金冠、国光、富士系品种受害重，红玉、元帅、鸡冠、祝光等受害较轻。矮化砧 M9 发病严重。苹果生长期都可发病，以 6～8 月和 10 月发病最重。

（2）防治方法。

①选栽抗耐病品种，如元帅等。

②加强栽培管理，增强树势。改良土壤，提高土壤保水能力，旱季灌溉，雨季防涝。同时要保护树体，防止冻害及虫害等，对已出现的枝干伤口，涂药保护，促进伤口愈合，防止病原菌侵入。常用药剂有 25％戊唑醇水乳剂 100 倍液等。合理施肥增强树势。苗木定植避免深栽，以嫁接口与地面相平为宜，并充分灌水，以缩短缓苗期。

③及时检查并刮治病斑。病斑一般仅限于皮层，刮去上层病皮并涂消毒剂保护。常用药剂及浓度：45％石硫合剂 30 倍液、70％甲基硫菌灵可湿性粉剂 100 倍液等。对树枝干上的习居菌也可采用物理机械或化学法进行重刮皮，铲除所带病菌，达到预防目的。

④喷药保护。大树可在发芽前喷 1∶2∶240 的波尔多液 2 次，有一定防效。

17. 药害

（1）发生特点。药害可发生在苹果树地上部的各个部位，以叶、果发生最为普遍。萌芽期发生药害，发芽晚，且发芽后叶片多呈柳叶状。叶片生长期发生药害，因原因不同而症状表现各异。药害轻时，叶片背面叶毛呈褐色枯死，在容易积累药液的叶尖及叶缘部分常受害较重；药害严重时，叶尖、叶缘甚至全叶变褐枯死。有时叶片生长受抑制，扭曲畸形，或呈丛生皱缩状，叶片厚、硬、脆。果实发生药害，轻者形成果锈或影响果实着色；在容易积累药液的部位，常形成局部果皮硬化，果皮硬化果实后期常发展成凹陷斑块或凹凸不平，甚至导致果实畸形。严重时，造成果实局部坏死，甚至开裂。枝干发生药害，造成枝条生长衰弱或死亡，甚至全树因树皮坏死而枯死。

药害发生的原因很多，主要是化学药剂使用不当造成的。当使用高浓度药剂时，叶片或果实不能承受药剂的伤害而发生药害。当喷洒药液量过大时，由于局部积累药剂过多，也容易发生药害。有些药剂安全性能差，使用不当很容易发生药害。药害的发生，除与药剂本身有关外，还与环境条件、叶片或果实的发育阶段有密切关系。如在连续阴雨潮湿的气候条件下喷施波尔多液，易使碱式硫酸铜中的铜离子过量游离而发生药害；在高温干旱时喷施络氨铜或硫黄制剂，也易发生药害；幼果期使用铜制剂或普通代森锰锌，容易造成果锈。树势强弱与药害的发生也有一定关系，壮树抗逆性强，不易发生药害，弱树容易发生药害。

（2）防治方法。防止药害发生的关键是合理使用各种化学农药。

①科学使用农药。严格按照农药类型及特点选择使用浓度及方法，禁止随意提高使用浓度等。

②合理混配农药。需要几种药剂混合喷雾时，不能将几种所用农药同时加入药罐中进行搅拌，必须加入一种搅拌一次，待搅拌均匀后，再加入另一种搅拌，依此类推。

③根据苹果发育特点，合理选择安全有效药剂。幼果期禁止使

用强刺激性药剂，不套袋果着色期避免使用波尔多液。

④加强栽培管理。合理施肥、合理灌水、增强树势，提高树体的抗病能力。

18. 苹果日灼病

（1）发生特点。苹果日灼病又称日烧病，主要危害果实，造成果面产生日光烧伤斑。烧伤部位不能正常着色，容易腐烂。苹果日烧病在各苹果产地均有发生，以内陆的山坡丘陵果园受害较重，特别是套袋果，发病更为普遍和严重，其中套膜袋的苹果日烧病果率达15%。日烧病还常常表现在苹果树的树干和大枝中下部。这种情况多发生在冬季北方或高海拔果园。苹果树上的枝干被阳光灼伤后，会加重冻害和容易发生腐烂病、干腐病。夏秋季节，从果实将要着色时开始，在白天强烈的阳光照射下，果实肩部或胴部及斜生果向光的中下部果面，被烧晒成灰白色圆形或不规则形灼伤斑。西部高海拔地区的果实或套袋果，午后13：00～15：00，没有叶幕遮盖的强光照果面，往往2小时就由绿色变成灰白色，不久变成褐色。受害轻时，被烤伤的仅限于果皮表层；受害重时，皮下浅层果肉也变为褐色，果肉坏死，木栓化。在灼伤斑周围，有时有红色晕圈或凹陷，病斑后期也不着色。苹果枝干上的日烧病主要发生在冬季。枝干在中午至午后在强光照射下，浅层皮层失水变成红褐色，局部枯死，成为椭圆形或不规则形晒伤斑。此部位易发生冻害和感染腐烂病、干腐病。

日烧是由温度和光照两方面综合作用造成的。山坡地果园，夏秋季光照充足，树上外围或内膛枝叶不多，果面易受阳光直接照射，或套袋果接触果袋部位受到光照和烘烤，短时温度高达45℃，局部果皮水分蒸腾加强，严重失水，导致果皮和浅层果肉被烤伤，产生烧伤斑。苹果发生日烧的临界温度为45～49℃，临界温度的高低因品种不同而有差别，一般认为45℃为日烧的临界值。无风和空气相对湿度小于26%时，易发生日烧。引发日烧的综合气象条件为：在晴天11：00～14：00，平均日照强度大于700瓦/米^2，相对湿度小于26%，气温高于30℃，风速小于1.3米/秒，未来

1～3小时就有发生日烧的可能。

（2）防治方法。

①夏秋季果实易发生日烧病时，果面喷洒 200 倍液的石灰乳（生石灰水），以减少果实表面光照度和降低果面温度。对易发生日烧的地区和果园，修剪时应适当重剪，以促进发枝，增加外围枝条和叶片数量，提高对果面的覆盖率。

②对容易发生日烧的套袋果，套袋时要注意鼓起果袋，使果实处于袋的中间。对早期发生日烧较多的套袋果，套袋前果园应浇透水，提高湿度，或避开幼果时的高温期，适当晚套。

③冬季树枝干发生日烧较重的果园，在初冬用涂白剂涂刷主干和大枝中下部。涂白剂配制方法为：生石灰 10～12 千克，食盐 2～2.5 千克，大豆浆（粉）0.5～1 千克，水 36 升。配制时，先将生石灰用一部分水化开，再加剩余的水，过滤去掉杂质。然后将其他原料加入过滤的石灰乳中，搅匀待用。有灌水条件的果园，上冻前要灌足封冻水。

19. 苹果裂果病

（1）发生特点。苹果裂果病，是果实生长期常见的生理性病害。干旱果区的富士和国光等品种发生较重。裂果病有两种情况。一种是在果实生长的中后期，在果实的梗洼、萼洼或果肩附近，果皮发生许多横向小裂口，小者长约 1 毫米，大者长 4～5 毫米。裂口处露出的皮下果肉变褐，木栓化。裂果在贮藏期易腐烂；另一种是在果面出现纵向大裂口，长 1～4 厘米，重者从果肩一直开裂到萼洼处，长达 5 厘米，果肉外露、变褐，成为畸形果。

果面纵向大裂口的原因是果实生长期水分供应失调，前期或中期天气干旱，果皮厚、弹性低，以后突降大雨，果实急剧吸水、细胞膨胀、撑破果皮，形成纵向大裂口。形成横向小裂口的原因比较复杂，一种与水分供应不均匀或天气干湿变化大有关，另一种与果皮缺钙有关。

（2）防治方法。为了防止发生苹果裂果病，在果实膨大期天气干旱时，应及时灌水。在裂果敏感期，要小水勤灌。要改良土壤，增施大三元肥或有机肥和绿肥，进行树盘覆草等。

20. 苹果树干旱症

（1）发生特点。随着全球异常气候的频繁出现，各苹果产区春夏季出现旱灾的现象常有发生，给苹果树带来不利的影响，造成干旱症状，严重时苹果产量降低、质量变差、树势削弱，甚至死树。果树生长期，先从下部老叶开始，逐渐蔓延到枝条的上部叶片，从外向内叶肉迅速变黄，但叶脉仍保持绿色，造成从下往上大量落叶。还有的白天叶丛或花丛萎蔫，叶片向内卷曲，夜间能恢复正常，这种现象为慢性干旱症。有干旱症的苹果树，吸收根大量萎缩、变褐，甚至枯死。

苹果树干旱症由果树缺水所致，在土层浅、瘠薄的山坡丘陵地及河沙地果园发生重，土壤黏重果园发生也重。

（2）防治方法。除自然降水外，应搞好果园水土保持和水利工程建设，保证能及时灌水，良好保水。果园可采用肥水一体化节水技术，此外，果园生草覆盖也可以起到保墒作用。

21. 苹果树冻害

（1）发生特点。在苹果栽植区每年都出现不同程度的多种类型冻害，对生产造成不利影响。出现霜冻后，许多苹果树花芽受冻，芽锥体变褐，特别是海拔较高的半山腰和山顶的苹果树，受冻严重，有时果树的中下部花芽受冻率为80％以上。由于初春短期内气温回升很快，而在萌芽后开花期，伴随着西北强冷空气的入侵，气温骤然下降，低于果树各器官临界温度，这样就出现了霜冻害。一般高海拔地域重于低海拔地域，平流霜冻重于辐射霜冻。经观察花芽受冻轻的表现为花原基受冻而枝叶组织未死，但早春发育迟缓，新梢细弱，叶呈畸形。苹果花芽膨大至开花期的冻害，一般初期表现为花柱、柱头、花药由绿色变为褐色，继而萎蔫、干枯。轻者雄蕊、雌蕊受冻，花朵仍然可以开放，但不能坐果，冻害严重时，花瓣呈水渍状，一触即落。苹果冻害的临界温度是树体−4℃、萌芽期−8℃（6小时）、花蕾期−2.8℃、开花期−1.6℃、幼果期−1.1℃，达到上述低温时苹果树各部位、器官即受冻害。

霜环型冻害发生在苹果幼果期，一般在落花后 7～10 天，遇到 3℃ 以下低温或晚霜，在萼片以上部位出现环状缢缩，不久形成月牙形凹陷斑，并继续发展成围绕果顶的紫红色凹陷斑，其皮下浅层果肉变褐、坏死、木栓化。随着果实的生长，受害果大量脱落，没落的果实至成熟期，萼部周围仍留有环状或不连续环状黑褐色凹陷伤疤。

（2）防治方法。

①晚秋、初冬容易发生冻害的果园，在 7 月以后应控制施用氮肥，同时对树上喷施磷肥、钾肥，控制旺长，促进枝条成熟和营养回流。有灌溉条件的果园，要及时灌足封冻水。晚秋时，要对主干和大枝中下部涂白。幼树入冬前，要进行地表培土。根颈部易受冻的地区，可在深秋时扒开根颈部土，吹晒半个月后再填平土。

②对春季晚霜型冻害发生频繁的果园，在春季果树发芽前要灌水。发芽后至开花前，要再灌 2～3 次水。这样可延迟果树物候期 2～3 天，以减轻受冻的程度。如能根据天气预报，在芽萌动后提前灌水，提高果园的热容量，对短期的 −3℃ 左右降温有明显防冻作用。

③春季花序分离期喷硼砂 300 倍液加磷酸二氢钾 400 倍液对防止 −3℃ 以上时的花芽冻害有一定的效果，可使花芽受冻率减少 30% 左右。

④防治晚霜和花期冻害，可根据天气预报，在果园每隔 20～30 米放一堆花生壳、秸秆、杂草等，在气温降至 0℃ 以下时，开始点火，压土熏烟。

（二）苹果主要虫害

1. 叶螨类

（1）山楂叶螨。

①发生规律。北方果区一年发生 5～13 代，均以受精雌成螨在树体各种缝隙内及树干基部附近土缝里群集越冬。翌春苹果芽膨大露绿时（气温 9～10℃）出蛰危害幼芽，苹果展叶后为出蛰盛期，

整个出蛰期达 40 余天，在叶背危害。盛花期为产卵盛期，落花后 7～8 天卵孵化基本完毕。第二代卵在落花后 30 天左右达孵化盛期，此时各虫态同时存在，世代重叠。麦收前后为全年发生的高峰期，进入雨季后，果园中湿度增加，加之天敌数量的增长，山楂叶螨虫口显著下降，至 9 月可再度上升，危害至 10 月陆续以末代受精雌螨潜伏越冬。

②防治方法。

A. 消灭越冬虫源。苹果休眠期刮除老皮，重点是刮除主枝分杈以上老皮，主干可不刮皮以保护主干上越冬的天敌。发芽前结合防治其他害虫可喷洒 5 波美度石硫合剂，或 45％石硫合剂 20 倍液，以降低越冬代害螨基数。

B. 保护和释放天敌。为了保护果园中的草蛉，要适当间作一些蜜源植物，如在苹果树行间种紫花苜蓿等。

C. 生长期药剂防治。根据物候期抓住苹果花前、花后和麦收前后三个关键期进行防治。常用药剂及浓度：5％噻螨酮乳油 2 000 倍液、24％螺螨酯悬浮剂 5 000 倍液、15％哒螨灵乳油 1 500 倍液、25％三唑锡可湿性粉剂 1 500 倍液等。

（2）苹果全爪螨。

①发生规律。北方果区一年发生 6～9 代，以卵在短果枝、果台及二年生以上枝条的粗糙处越冬，越冬卵在苹果花蕾膨大时（气温 14.5℃）进入孵化盛期。第一代夏卵在苹果盛花期始见，花后 1 周大部分孵化，此后同一世代各虫态并存而且世代重叠。7～8 月进入危害盛期，8 月下旬至 9 月上旬出现冬卵。

②防治方法。具体防治方法参照山楂红蜘蛛。

（3）二斑叶螨。

①发生规律。北方果区一年发生 7～9 代，以受精雌成虫在枝干翘皮、老翘皮下、果树根颈部、杂草或覆草下等处越冬。春季果树发芽（气温 10℃以上）时越冬雌虫出蛰。树下地面越冬的雌成螨先在杂草上取食，然后上树危害。树上越冬的雌成螨先在树冠内危害，以后再扩展至全树。7～8 月发生危害最重，11 月以后陆续

出现越冬雌成螨，寻找场所越冬。

②防治方法。参考山楂叶螨。特别是点片发生阶段及早防治，常用药剂及浓度：1.8%阿维菌素乳油 3 000 倍液、24%螺螨酯悬浮剂 5 000 倍液、25%三唑锡可湿性粉剂 1 500 倍液等。

2. 蚜虫类

（1）绣线菊蚜。

①发生规律。一年发生 10 余代，以卵在枝杈、芽旁及树皮缝处越冬，芽萌动期开始孵化，以胎生无翅雌蚜扩大群体，5～6 月是危害盛期，产生有翅蚜扩散，麦收时群体减退。有时在 7 月下旬再次出现危害高峰。10 月开始产生有性蚜，交尾、产卵越冬。

②防治方法。

A. 消灭越冬虫源。苹果萌芽前后，彻底刮除老皮，剪除有蚜枝条，集中烧毁。发芽前结合防治其他害虫可喷施 3%～5%的柴油乳剂，杀死越冬蚜虫。

B. 保护天敌。绣线菊蚜的天敌有草蛉、瓢虫等数十种，要注意保护利用。

C. 生长期药剂防治。5～6 月是蚜虫猖獗危害期，亦是防治的关键期。常用药剂及浓度：50%抗蚜威可湿性粉剂 2 000 倍液，或 2.5%氯氟氰菊酯乳油 2 000 倍液，或 10%吡虫啉乳油 2 000 倍液，或 22%氟啶虫胺腈悬浮剂 5 000 倍液，或 5%啶虫脒可湿性粉剂 2 000 倍液等。目前，蚜虫对吡虫啉、啶虫脒等已经产生抗药性。

（2）苹果绵蚜。

①发生规律。一年发生 10 余代，以 1～2 龄若蚜群集在树皮裂缝或虫瘿下越冬，翌春 4 月气温达 9～11℃时，越冬若虫开始活动危害，5 月下旬至 7 月上旬是危害盛期，进入 11 月若虫陆续越冬。

②防治方法。

A. 加强检疫。严禁苗木、接穗未经消毒外运。

B. 消灭越冬虫源。苹果萌芽前后，彻底刮除老皮，集中烧毁。发芽前结合防治其他害虫可喷施 3%～5%的柴油乳剂，杀死越冬蚜虫。

③生长期药剂防治。在苹果开花前、5月下旬至6月上旬、6月下旬至7月上旬、8月下旬至9月上旬各喷药1次。常用药剂及浓度：40%毒死蜱乳油1 000～1 500倍液、2.5%氯氟氰菊酯乳油2 000倍液、10%吡虫啉乳油2 000倍液等。

3. 桃小食心虫

(1) 发生规律。一年发生1～2代，以老熟幼虫在树干及周围1米内的树冠下土层内做茧越冬。越冬幼虫5月末至7月中旬陆续出土，6月中下旬为出土盛期。越冬成虫发生期为6月下旬至7月下旬，盛期在6月末至7月上旬；8月上中旬为第一代成虫产卵期。

(2) 防治方法。

①加强地面防治。在越冬代幼虫出土始盛期和第一代幼虫脱果盛期进行地面防治。可用白僵菌高孢粉0.5千克兑水150千克喷树盘，喷后覆草。

②树上防治。当树上卵果率达0.5%～1.5%时进行防治。常用药剂及浓度：35%氯虫苯甲酰胺水分散粒剂8 000倍液、1%甲氨基阿维菌素苯甲酸盐乳油1 500倍液、40%毒死蜱乳油1 000～1 500倍液、2.5%氯氟氰菊酯乳油2 000倍液等。每代用药2次，间隔10天。

③果实套袋。套袋应于桃小食心虫产卵前完成。

4. 金纹细蛾

(1) 发生规律。一年发生4～5代，以蛹在受害处的落叶内过冬，翌春4月初苹果发芽期为越冬代成虫羽化盛期，成虫在早晨或傍晚围绕树干附近，进行交配、产卵。各代成虫发生盛期：越冬代4月中下旬，第一代6月上中旬，第二代7月中旬，第三代8月中旬，第四代9月下旬。8月是全年中危害最严重的时期。

(2) 防治方法。

①人工防治。秋季落叶后，彻底清扫园内落叶，集中深埋或沤肥，杀灭越冬蛹。

②生长期药剂防治。成虫盛发期或幼虫初孵期喷药。常用药剂

及浓度：2％甲氨基阿维菌素苯甲酸盐乳油 5 000 倍液、25％灭幼脲悬浮剂 1 500 倍液、20％杀铃脲 6 000～8 000 倍液、35％氯虫苯甲酰胺水分散粒剂 8 000 倍液等。

③利用性信息素诱芯直接诱杀成虫。

5. 康氏粉蚧

（1）发生规律。康氏粉蚧俗称介壳虫、树虱子，除危害苹果外，还可危害梨、桃、杏、山楂等多种果树。康氏粉蚧以若虫和雌成虫刺吸汁液，可危害果实、芽、叶、树干及根部，以果实受害损失最重。嫩枝和根部受害处常肿胀，易造成皮层纵裂而枯死；幼果受害，多形成畸形果；近成熟果受害，形成凹陷斑点，有时斑点呈褐色枯死，枯死斑表面可带有白色蜡粉；套袋果受害，多集中在梗洼和萼洼处。该虫排泄物常引起煤污病发生。雌成虫体长 5 毫米，扁椭圆形，淡粉红色，体表被有白色蜡粉，体缘具有 17 对白色蜡丝。蜡丝基部较粗，向端部渐细。体前端的蜡丝较短，向后渐长，最后一对特长，约为体长的 2/3。卵椭圆形，淡橙黄色，覆有白色蜡粉。

康氏粉蚧一年发生 3 代，以卵在寄主植物的树皮缝、树干基部附近的土壤缝隙等隐蔽处越冬。翌年春季果树发芽时越冬卵开始孵化，初孵若虫爬到枝、芽、叶等幼嫩部位危害，体表逐渐分泌蜡粉，初孵若虫完全被蜡粉覆盖需 7～10 天。第一代若虫发生盛期为 5 月中旬左右（套袋前），第二代若虫发生盛期为 7 月中旬左右，第三代若虫发生盛期为 8 月下旬左右，各代若虫发生期持续时间均较长，尤以第三代最为突出。

（2）防治方法。防治康氏粉蚧，以消灭越冬虫卵为基础，生长期药剂防治为重点。药剂防治时，关键要抓住第一代若虫，并把该虫消灭在未被蜡粉完全覆盖阶段。

①诱集产卵。从 9 月开始，在树干上束草把，诱集成虫产卵，入冬后至发芽前解下草把烧毁，消灭越冬虫卵。

②加强果园管理。萌芽前，刮除树体枝干粗皮、翘皮，并集中销毁，破坏越冬场所，同时翻耕果园土壤，促进越冬卵死亡。

③休眠期药剂防治。萌芽前，全园喷施 5 波美度石硫合剂，或40%毒死蜱水乳剂 1 000 倍液加有机硅 2 500 倍液，杀灭越冬虫卵。

④生长期药剂防治。主要防治若虫阶段，关键要抓住前期，即抓住第一代若虫、控制第二代若虫、监视第三代若虫。每代若虫阶段各需喷药 1～2 次，间隔期 7～10 天。喷药必须均匀、周到、细致，以保证防治效果。对于套袋苹果，套袋前 5～7 天内必须喷药。效果较好的药剂有 40%毒死蜱乳油 1 000 倍液、50%吡虫啉乳油 2 000 倍液等。

6. 卷叶蛾类

（1）发生规律。卷叶蛾种类很多，主要有苹小卷叶蛾、苹褐卷叶蛾、黄斑卷叶蛾、顶梢卷叶蛾等。它们危害范围均很广，几乎全部落叶果树都可能受害。

①苹小卷叶蛾。苹小卷叶蛾又名棉褐带卷叶蛾，主要以幼虫危害叶片和舐食果实。幼虫吐丝将 2～3 个叶片连缀在一起，从中取食，将叶片吃成缺刻状或网状。果实受害，表面出现形状不规则的小坑洼，严重时坑洼连片，尤以叶果相贴和两果接触部位最易受害。老熟幼虫体长 13～17 毫米，翠绿色，头和前胸背板淡黄色。苹小卷叶蛾一年发生 3～4 代，以 2 龄幼虫在果树的剪锯口、树皮裂缝、翘皮下等隐蔽处结白色薄茧越冬。翌春，苹果花芽萌动后开始出蛰，中熟品种盛花后为出蛰盛期，是全年防治的第一个关键期。出蛰幼虫先爬到幼芽和幼叶上取食，稍大后吐丝把几片叶缀合在一起，取食危害。越冬幼虫很少危害幼果。幼虫老熟后在卷叶内化蛹。6 月上旬成虫羽化产卵，卵期 6～10 天。6 月中旬前后为第一代幼虫初孵化盛期，是全年防治的第二个关键时期。成虫有较强的趋化性和微弱的趋光性，对糖醋液或果醋趋性甚烈。

②苹褐卷叶蛾。苹褐卷叶蛾又名苹果褐卷蛾，主要以幼虫危害叶片和果实。叶片受害与苹小卷叶蛾危害状相似，危害果实时，其舐食的坑洼面积较大。老熟幼虫体长 18～20 毫米，头和前胸前板淡绿色，体深绿而稍带白色。苹褐卷叶蛾一年发生 2～3 代，以低龄幼虫结白色薄茧越冬，越冬部位、出蛰时期及危害习性与苹果小

卷叶蛾相似。成虫主要产卵于叶背面，有趋光性和趋化性。

③黄斑卷叶蛾。黄斑卷叶蛾又名黄斑长翅卷叶蛾，主要以幼虫危害叶片。幼虫喜食嫩梢近端部的几片嫩叶，吐丝将数张叶片卷成团。1龄、2龄幼虫仅食叶肉，残留表皮；3龄后残食叶片，咬成孔洞；严重时，叶片千疮百孔，甚至仅留叶脉。幼虫体黄绿色，低龄时头和前胸背板漆黑色，老熟时头和前胸背板黄褐色。老熟幼虫体长约22毫米。黄斑卷叶蛾一年发生3～4代，以冬型成虫在果园落叶、杂草及砖或石缝中越冬，翌年苹果发芽时开始出蛰活动并产卵。开花前为第一代幼虫发生初盛期，也是全年防治的第一个关键期。第一代幼虫先危害花芽，再危害叶簇和叶片。以后各代幼虫主要危害叶片。幼虫有转叶危害的习性。夏型成虫对黑光灯和糖醋液有一定趋性。

④顶梢卷叶蛾。顶梢卷叶蛾又名芽白小卷蛾、顶芽卷叶蛾，主要以幼虫卷嫩叶进行危害，影响新梢生长。幼虫吐丝将几个嫩叶缠缀一起呈拳头状，并吐丝用叶背绒毛做成小茧，幼虫潜伏其中。嫩梢顶芽受害后常歪向一侧呈畸形生长。1个虫苞内有3～5头幼虫。虫苞冬季不脱落。老熟幼虫体长8～9毫米，体污白色，头、前胸背板、胸足均为漆黑色。顶梢卷叶蛾一年发生2～3代，以3龄幼虫在树梢顶端的卷叶虫苞内做灰白色丝质茧越冬，虫苞坚硬。1个虫苞内有一至数条幼虫。翌春苹果发芽后，幼虫开始活动，从虫苞内爬出，吐丝将几片嫩叶缠缀在一起，潜于其中进行危害，老熟后在其内化蛹。6月中旬左右为第一代幼虫初孵化盛期。成虫对糖蜜有趋性，白天不活动，夜间交尾、产卵。

（2）防治方法。卷叶蛾类害虫主要发生在一些管理粗放生长季节滥用农药的果园。一般果园，在搞好休眠期防治的基础上，结合生长季节及时剪除虫苞，即可基本控制卷叶蛾类的危害。对于个别受害较重果园，还应在生长期及时进行合理的药剂防治。生长期喷药防治的关键是在卷叶前用药。

①休眠期防治。苹果萌芽前，刮除树体枝干上及剪锯口处等部位的粗皮、翘皮，铲除越冬的幼虫；结合冬剪，剪除枝梢卷叶虫苞

及枯死虫芽，铲除枯枝梢上越冬的幼虫；发芽前，彻底清除果园内的落叶、杂草，集中深埋或烧毁，消灭在落叶及杂草上越冬的害虫，然后（发芽前）全园喷施 5 波美度石硫合剂杀灭残余害虫。

②生长期人工防治。结合疏花、疏果及夏剪等果园管理，及时剪掉卷叶虫苞，集中深埋，消灭幼虫，减少田间虫量。

③诱杀成虫。从 6 月中旬开始，在果园内设置黑光灯，或频振式诱蛾灯，或性引诱剂诱捕器，或糖醋液诱捕器，诱杀多种卷叶蛾成虫。受害严重的果园，也可用于推测幼虫发生期，以确定树上最佳喷药时间。常用糖醋液配制方法为红糖 5 份、酒 5 份、醋 20 份、水 80 份，混合后盛在水碗或小盆里，悬挂在树冠内，每亩 1～2 个即可。

④生长期药剂防治。卷叶蛾种类不同，具体喷药时间不尽相同，但重点均为抓住第一次用药。苹小卷叶蛾、苹褐卷叶蛾、苹大卷叶蛾的第一个喷药关键期为苹果落花后立即用药，顶梢卷叶蛾在发芽后、开花前及时第一次喷药，黄斑卷叶蛾第二代幼虫孵化盛期和顶梢卷叶蛾第一代幼虫孵化盛期是第二次关键喷药时期，一般均在 6 月中旬左右。另外，也可根据成虫诱杀情况，出现诱蛾高峰后立即喷药。常用有效药剂及浓度：25%灭幼脲悬浮剂 1 500～2 000 倍液、20%除虫脲悬浮剂 2 000～3 000 倍液、40%杀铃脲悬浮剂 10 000 倍液、40%毒死蜱乳油 1 000～1 200 倍液等，在幼虫卷叶前喷药，效果最好。

⑤生物防治。防治苹小卷叶蛾时，可以释放其天敌赤眼蜂，最佳放蜂时期是越冬代成虫产卵盛期。一般在蛾量高峰出现后 3～4 天开始放蜂，5 天 1 次，连续放蜂 4 次，即可控制苹小卷叶蛾的全年危害。

7. 金龟子类

（1）发生规律。金龟子类主要以成虫进行危害，以啃食嫩芽和花蕾为主，危害苹果的种类主要有黑绒鳃金龟、苹毛丽金龟、小青花金龟。另外，它们还可危害梨、桃、李、樱桃、葡萄等多种果树。3 种金龟子均主要以成虫取食苹果树的幼芽、嫩叶、花蕾及花器，轻者使花器及叶片残缺不全，重者将幼嫩部分全部吃光，严重影响坐果率。黑绒鳃金龟成虫体长 6～9 毫米，黑褐色或黑紫色，背覆黑色丝绒状短毛，两鞘翅上各有9条刻点沟。苹毛丽金龟成虫体长8～12毫米，头、胸背面黑褐色，有紫铜色光泽，鞘翅茶色或黄褐色，微泛绿光，上有排列成行的刻点。小青花金龟成虫体长约13毫米，头部黑色，前胸和鞘翅为暗绿色，密生黄色绒毛，无光泽，鞘翅上散生多个白绒毛斑。

这3种金龟子均一年发生1代，以成虫在土里越冬，小青花金龟还可以蛹越冬。越冬成虫在果树发芽开花期陆续出蛰，然后上树危害嫩芽、花器等。黑绒鳃金龟成虫傍晚出土上树进行危害，深夜后及白天潜入土中不动。苹毛丽金龟白天上树进行危害，夜间潜入土中隐蔽。小青花金龟白天上树进行危害，夜间停在树上不动。3种成虫均有趋光性和假死性，受震动后落地假死不动。

（2）防治方法。果园防治金龟子一般以地面用药为主，结合人工捕杀即可。受害严重的果园，可在花期适当用药。

①土壤用药。苹果萌芽期，在树下土壤用药，利用成虫在土壤中隐蔽的特性杀灭成虫。具体方法为：使用40％毒死蜱乳油300～500倍液，或辛硫磷微胶囊300倍液喷洒地面，以喷湿土壤表层为准，然后耙松土表、使药剂均匀。如果结合雨后或灌溉后用药，持效期可长达1个月。

②震树捕杀。利用成虫的假死性，在清晨或傍晚成虫于树上进行危害时震动树枝，使害虫落地，然后集中消灭。

③灯光诱杀。苹果发芽开花期，在果园内设置黑光灯或频振式诱虫灯，诱杀各种成虫。

④糖醋液诱杀。常用糖醋液配制方法为红糖5份、酒5份、醋20份、水80份，混合后盛在水碗或小盆里，悬挂在树冠内，每亩1～2个即可。

⑤树上药剂防治。金龟子发生严重时，可在萌芽期至开花前喷药防治1～2次。一般在金龟子活动危害时喷药效果好，但要选用击倒能力强、速效性快、安全性好的药剂。效果较好的药剂有40％毒死蜱乳油1 000倍液、2.5％高效氯氟氰菊酯乳油1 000～1 500倍液等。

四、桃树主要病虫害绿色防控

（一）桃树主要病害

1. 桃树褐腐病

（1）发病规律。真菌病害。病原菌以菌丝体在僵果和枝梢溃疡中越冬。翌年春季产生分生孢子，借风雨、昆虫传播，经柱头、蜜腺侵入花器，经虫伤、机械伤、皮孔侵染果实。该病原菌自桃树花期到成熟期均能侵染，条件适宜时分生孢子可进行再侵染，贮藏期还能通过病果与健果接触发生传染。

高湿是影响病害发生的主导因素，桃树开花期及幼果期低温潮湿，容易发生花腐。果实近成熟期温暖多雨多雾，容易发生果腐。树势衰弱、地势低洼、枝叶过密的果园发病较重。

（2）防治方法。

①加强综合栽培管理，提高树体抗病力。注意桃园的通风透光和排水，增施磷肥、钾肥，加强防治蛀果害虫，减少果面伤口。

②清除菌源。秋末结合冬剪，彻底清除园内的病枝、落果等，集中烧毁或深埋。

③药剂防治。桃树发芽前 1 周喷洒 5 波美度石硫合剂；花前、花后各喷 1 次 50%腐霉利可湿性粉剂 2 000 倍液，或 50%苯菌灵可湿性粉剂 800 倍液；发病初期和采收前 3 周喷 50%多霉灵可湿性粉剂 1 500 倍液，或 40%氟硅唑 2 000 倍液，或 70%甲基硫菌灵可湿性粉剂 800 倍液。发病严重的果园，可以每隔半个月喷 1 次，采收前 3 周停止用药。

2. 桃树炭疽病

（1）发病规律。真菌病害。病原菌以菌丝体在病枝及僵果中越冬。翌年早春产生分生孢子，借风雨或昆虫传播，侵害新梢和幼果，进行初侵染，后病部产生分生孢子，进行再侵染。桃炭疽病的发生与降雨和空气湿度有密切关系。在果实感病期如连续几天阴雨，此病往往有一次暴发。栽培管理粗放、树枝过密、树势衰弱的果园发病较重。

（2）防治方法。

①加强栽培管理。增施有机肥，合理增加磷肥、钾肥，提高抗病力。注意桃园排水，降低桃园湿度。

②清除菌源。桃树发芽前至开花前后清除树上树下病枯枝、僵果及地面落果、残桩，集中烧毁或深埋。

③喷药防治。开花后喷药防治，隔 10 天 1 次，连续防治 3～5次，常用药剂及浓度：70％甲基硫菌灵可湿性粉剂 800 倍液、43％戊唑醇悬浮剂 3 000 倍液、25％咪鲜胺乳剂 600 倍液等。

3. 桃树细菌性穿孔病

（1）发生规律。病原细菌在枝条溃疡组织中越冬，翌年春季活动，形成病斑，在桃树开花期前后溢出细菌，借风雨、昆虫传播，经叶片气孔和枝条芽痕及果实的皮孔侵入。叶片于 5 月开始发病，夏季干旱时病势进展缓慢，秋季多雨时又发生侵染。

潜育期因气温高低和树势强弱而不同，温暖、降雨频繁、多雾的天气适于此病发生，树势弱、积水、通风不良以及偏施氮肥的果园发病较重。

（2）防治方法。

①加强果园管理。合理修剪，使果园通风透光良好；冬季结合修剪，彻底清除枯枝、落叶和落果，集中烧毁；注意果园排水，降低果园湿度；科学施肥，增施有机肥料，避免偏施氮肥，采用配方施肥技术，提高桃树抗病力。

②药剂防治。在桃树发芽前，喷 4～5 波美度的石硫合剂，或45％石硫合剂 30 倍液；在 5～6 月，喷 65％代森锌可湿性粉剂 500倍液，或硫酸锌石灰液（硫酸锌 0.5 千克、消石灰 2 千克、水 120千克），半个月 1 次，连喷 2～3 次。

4. 桃树根癌病

（1）发病规律。细菌病害。该病原菌在土壤中和病瘤组织的皮层内越冬，近距离传播的主要途径是雨水、灌溉水、嫁接工具、地下害虫等，远距离传播的主要途径是苗木调运。病菌自虫伤、机械伤等伤口侵入。潜育期几周至一年以上。

该病发生与土壤 pH 有关，pH 为 5 或更低时，桃树不发病，pH＞7 的碱性土壤更利于发病。黏重、排水不良的土壤比疏松、排水良好的砂质壤土发病越重，根部伤口越多发病越重，一般苗木劈接法比芽接法发病重。

（2）防治方法。

①认真选择育苗基地。育苗基地应选择未感染根癌病的地区，应土壤疏松、排水良好、避免盐碱地。如已感染病菌，起苗后要捡除土内残根，与不感病农作物、树种轮作，并每亩施用硫酸亚铁或硫黄粉 5～15 千克进行土壤消毒。

②药剂防治。育苗时应用 K84（根癌灵）拌种，苗木定植前蘸根、实施免疫是最有效的方法。在发病初期可用利刃将尚未破裂的瘤割除，伤口用 1‰硫酸铜或 40％氟硅唑乳油 50 倍液涂抹消毒，并用 400 单位链霉素涂切口，再涂波尔多液或凡士林保护。桃树发芽期用 1‰硫酸铜灌根，6 月底或 7 月初再灌 1 次，每株树灌 50～80 千克药液。

5. 桃树流胶病

流胶病发病原因复杂，规律难以掌握，不易彻底防治。流胶病有侵染性和生理性两种类型。

（1）侵染性流胶病。

①发病规律。病原菌以菌丝体和分生孢子器在受害枝条里越冬，翌年病原菌分生孢子借风、雨传播。雨天从病部溢出大量病原菌，顺枝干流下或溅附在新梢上，从皮孔、伤口及侧芽侵入，进行初次侵染，病原菌潜伏在枝干内，当气温 15℃左右时，病部即可渗出胶液，随气温升高，树体流胶点增多，病情逐渐加重。枝干分权处易积水的地方受害重。土壤瘠薄、肥水不足、负载量大均可诱

发流胶病。黄桃系统比白桃系统易感病。一年中流胶病有 2 个发病高峰，分别在 5 月下旬至 6 月上旬和 8 月上旬至 9 月上旬。一般 6～7 月扩散较慢。

②防治方法。

A. 起垄栽培。起垄栽培、防止地涝、保持土壤透气良好、增强树势是预防流胶病的根本措施。

B. 加强土肥水管理。采果后秋季增施有机肥、磷肥、钾肥，控制氮肥使用量，同时保证水分适当，雨季及时排水，严防桃园积水，采用滴灌、渗灌、沟灌，提高树体营养水平，控制树体负载量，增强树势，提高树体抗病能力。

C. 清除初侵染病源。结合冬剪，彻底剪除受害枝梢，并收集烧掉或深埋。桃树萌芽前用 40％氟硅唑乳油 100 倍液涂刷病斑，杀灭越冬病菌，减少初次侵染。

D. 药剂防治。桃树流胶病发生较重时，在病部用尖刀纵向划道，然后涂刷 5 波美度石硫合剂，或 25％戊唑醇水乳剂溶液，或 2％春雷霉素水剂 300 倍液，可起到治疗作用。桃树开花前，用多菌灵、甲基硫菌灵，200～300 倍液涂干。在桃树生长期 5～6 月，喷洒 43％戊唑醇悬浮剂 4 000 倍液，或 12.5％烯唑醇可湿性粉剂 2 000～2 500 倍液，或 50％苯菌灵可湿性粉剂 1 500 倍液，或 70％甲基硫菌灵可湿性粉剂 1 000 倍液等，每半月喷 1 次，共喷 3～4 次，喷药时，药剂要全面覆盖枝、干、叶、果。

（2）生理性流胶病。

①发病规律。整形修剪等机械损伤以及冻害、雹害、日灼、病虫害造成的伤口，成为流胶病的诱因。栽培管理不当，如通风透光差、施肥不当、结果过多、定植过深、土壤黏重、修剪过重，土壤含水量过高且持续时间长、病虫草害严重、树势衰弱、缺钙、缺硼等生理因素可诱发流胶。

②防治方法。加强桃园管理，进行翻耕，改善土壤结构和透气性，增施有机肥，雨季及时排水防涝，防治好病虫害，及时除去高秆、攀缘性杂草，注意防冻、防日灼，科学进行整形修剪，注意生

长季节及时疏枝、回缩，冬季修剪尽量减少枝干伤口，修剪的伤口要及时涂抹愈合保护剂，主干和大枝涂白等，采取以上各项综合管理措施，保证桃树生长健壮，增强树势，可减少流胶病的发生。

6. 桃树腐烂病

（1）发病规律。桃树腐烂病，又名桃干枯病，是危害性较大的一种枝干病害，全国各地均有发生，除危害桃树外，还可危害杏、李、樱桃等核果类果树。桃树被害后，初期症状不明显，一般表现为病部稍凹陷，外部可见米粒大小的流胶。其后，病部树皮腐烂、湿润，呈黄褐色，并有酒糟气味。病斑纵向扩展快，不久深达木质部，病部干缩凹陷，表面生钉头状灰褐色的小突起。如果撕开表皮可见许多呈眼球状、中央黑色、周围有 1 圈白色菌丝环的小突起。发病后期，空气潮湿时从中涌出黄褐色丝状物。当病斑扩展包围主干 1 周时，病树很快死亡。

桃树腐烂病病菌寄生性很弱，对树势健壮的桃树危害较轻，在弱树和垂死的树皮上扩展快，病原菌以菌丝体、子囊壳及分生孢子器在树干病组织中越冬，翌年 3～4 月分生孢子经雨水分散后，借风雨和昆虫传播。分生孢子从树干（枝）伤口或皮层侵入，冻害造成的伤口是病原菌侵入的主要途径。春秋季病斑扩展快，11 月逐渐停止扩展，翌年 3～4 月再进行活动，5～6 月是病害发展的高峰。冻害是桃腐烂病发病的主要诱因。凡是能使桃树抗寒性降低的因素，如负载量过大，使用氮肥过多，磷肥、钾肥不足，地势低洼，土壤黏重，雨季排水不良等不利于桃树生长的条件，都可诱发桃树腐烂病。

（2）防治方法。

①农业防治。加强栽培管理，增强树势，提高抗病能力。

②人工防治。晚秋对桃树树干涂白。

③药剂防治。早春要细心查找，发现病斑后先将病疤刮除，再用 70％甲基硫菌灵可湿性粉剂 50 倍液涂抹，最好再涂一层动植物油保护。

7. 桃树疮痂病

（1）发病规律。桃树疮痂病菌在受害的枝条上越冬，翌年春季出芽展叶时产生分生孢子，随风雨传播，可直接侵染叶片和果实的表皮，引起发病，潜伏期在桃果上长达 40～70 天，而在新梢和叶片上仅为 25～45 天。北方桃区在 7～8 月发病较多。5～7 月多雨潮湿，有利于病原菌的侵染、发病。地势低洼、郁闭的桃园发病重，极早熟、早熟桃品种果实不被再次侵染，发病轻。中熟、晚熟、极晚熟品种受到分生孢子的再次侵染而发病重。

（2）防治方法。

①清除初侵染病源。结合冬剪，彻底剪除病枝、病梢，并收集烧掉、深埋。桃树萌芽前喷 5 波美度石硫合剂，杀灭越冬病原菌，减少越冬病源。

②桃果套袋。7 月以后成熟的中、晚熟桃品种，在疏果、定果后及时套袋，对果实进行保护。

③药剂防治。多菌灵、苯菌灵、甲基硫菌灵、咪鲜胺、醚菌酯、吡唑醚菌酯等是有效药剂，可从谢花后开始喷施，每 10～14 天喷 1 次。注意苯醚甲环唑、戊唑醇等三唑类农药有控长效果，在幼果期应控制使用次数。

（二）桃树主要虫害

1. 桃蚜

（1）发生规律。桃蚜危害桃、李、杏、樱桃、梨等果树及烟草、白菜、大豆、瓜果等农作物。北方一年发生 10～20 代，以卵在桃、杏、樱桃等果树的芽旁、枝条裂缝等处越冬。翌年越冬寄主发芽时，卵孵化为干母，若蚜群集芽上进行危害，桃树展叶后，转移到叶背和嫩梢进行危害，5 月加速繁殖，危害严重，6 月开始产生有翅蚜，有翅蚜陆续迁飞至烟草、马铃薯、甘蓝等夏季寄主上进行危害繁殖，至 10 月产生有翅蚜陆续迁回越冬寄主，产生有性蚜交尾产卵，以冬卵越冬。春季气温达 6℃、桃树发芽时便开始孵化进行危害，危害部位都是叶片，有转移寄主进行危害的习性，发生危害盛期一致，在 4～5 月和 10 月形成两个危害高峰。春季当桃花花开 3%～5% 时，95% 以上孵化成若虫吸食汁液，严重时叶片卷曲、花朵脱落、削弱树势，严重影响产量。4～5月是蚜虫危害最严重的时期。雨水多的年份不利桃蚜繁殖。

（2）防治方法。

①早春防治。早春桃芽萌动前，喷5％机油乳剂，杀灭越冬卵。3月15～20日，花芽露红时，喷5～7波美度石硫合剂到桃树枝芽上，效果好，喷药不能晚于花现蕾期。桃发芽前喷施菊酯类与烟碱类复配药剂有增效作用。常用菊酯类药剂有高效氯氰菊酯、高效氟氯氰菊酯、杀灭菊酯、联苯菊酯等。

②花期前后。早春防治和花期前后是蚜虫防治的关键时期。在80％桃花谢花后打药效果好。要打2～3次药，越早越好。吡虫啉、啶虫脒、噻虫嗪等烟碱类药剂是有效药剂，但近年来抗药性增长较快。较好的药剂为氟啶虫胺腈和螺虫乙酯。4～6月是蚜虫危害期，亦是防治的关键期。常用药剂及浓度：2.5％氯氟氰菊酯乳油2 000倍液，或10％吡虫啉乳油2 000倍液，或22％氟啶虫胺腈悬浮剂5 000倍液，或22％螺虫乙酯悬浮剂4 000倍液，或5％啶虫脒可湿性粉剂2 000倍液等。

2. 梨小食心虫

（1）发生特点。蛀食桃、李、杏，多危害果核附近果肉。第一代和第二代幼虫危害樱桃树、桃树嫩梢，多从上部叶柄基部蛀入髓部，向下蛀至木质化处便转移，蛀孔流胶并有虫粪，受害嫩梢渐枯萎，俗称"折梢"。幼虫多从果萼洼、梗洼处蛀入，早期受害果蛀孔外有虫粪排出，晚期受害多无虫粪。幼虫蛀入直达果心，高湿情况下蛀孔周围常变黑腐烂逐渐扩大，俗称"黑膏药"。梨小食心虫钻蛀果实和新梢，在桃树幼树期进行危害影响桃树生长，盛果期蛀果实，成为近年来桃、苹果、梨等北方果树难以防治的重要害虫。

在北方桃区梨小食心虫以老熟幼虫在树干翘皮下、剪锯口处结茧越冬，一年5代，桃芽萌动期越冬代成虫开始羽化，花盛期为成虫羽化盛期，产卵于新生桃梢。第一代幼虫只危害桃树的嫩梢，不危害幼果。第二代开始危害桃果增多。第三、四代危害桃果最为严重。在桃、梨兼植的果园发生重。

（2）防治方法。

①农业防治。建园时，尽量避免与梨、杏混栽或近距离栽植，杜绝梨小食心虫在寄主间相互转移。

②人工防治。

A. 春季细致刮除树上的翘皮，可消灭越冬幼虫。

B. 桃、梨兼植园，及时摘除被害桃梢，减少虫源，减轻后期对梨的危害。结合修剪，注意剪除受害桃梢。

C. 在越冬脱果前（北方果区一般在 8 月中旬前），在主枝、主干上绑草把，诱集越冬幼虫，翌年春季集中处理。

D. 种植诱集植物，试验证明，在桃园周围零星种植李树，诱集梨小食心虫在李果内产卵，5 月初，95% 以上的李果均被梨小食心虫蛀食，在其脱果前，及时摘除全部受害李果，集中销毁，可有效压低当年虫口数量。

E. 灯光诱杀，从 3 月中旬至 10 月中旬悬挂频振式杀虫灯，可以有效诱杀害虫。黑光灯对梨小食心虫有一定引诱作用，但不足以起到明显防效。黑光灯不但能诱杀害虫，也诱杀趋光性天敌，有针对性地在主要害虫发生高峰期开灯是此项技术的关键。

F. 糖醋液诱杀，梨小食心虫对糖醋液具有趋向取食习性，在桃园中设置糖醋液（红糖∶醋∶白酒∶水＝1∶4∶1∶16）可诱捕大量成虫，但是取食者大多为产卵后的雌虫。

G. 桃果套袋，不但能阻挡各种食果害虫和病原菌的侵害，还能提高果实的外观品质，减低农药残留量。

③生物防治。

A. 梨小食心虫迷向技术，是利用成虫交配需要释放信息素寻找配偶的生物习性。在桃树上设置含高剂量雌性信息素的制剂（膏剂、胶条）。不悬挂迷向丝，利用高浓度长时间的雌性信息素干扰，使雄虫无法找到雌虫，达到无法交配产卵以保护果园的目的。这种技术使用简单方便，同时减少甚至不需使用农药，符合食品安全的发展。以迷向丝为例，一年只需使用 1 次，每亩用量 33 根左右，持续时间 6 个月以上，一个生长季只需使用 1 次。迷向剂释放在桃园时间应是越冬代成虫羽化前（芽萌动期）为好，其次为第一代成虫羽化前。

B. 赤眼蜂防治技术，以梨小食心虫诱芯为监测手段，在蛾子发生高峰后1～2天，人工释放松毛赤眼蜂，每公顷共释放150万头，每次每公顷释放30万头，分4～5次放完，可有效控制梨小食心虫的危害。

④药物防治。结合虫情检测，掌握各代成虫产卵孵化高峰期施药。一般每代应施药2次，间隔10天。目前效果较好的药剂有：氯虫苯甲酰胺、溴氰虫酰胺、甲氨基阿维菌素苯甲酸盐、高效氟氯氰菊酯。

3. 桑白蚧

（1）发生规律。北方果区一年发生3代，以第二代受精雌虫于枝条上过冬。寄主芽萌动后开始吸食汁液，虫体迅速膨大，4月下旬至5月上旬产卵，卵产于介壳下。5月中下旬出现第一代若虫，6月中下旬至7月上旬成虫羽化，雌虫7月中旬至8月上旬产卵，卵孵化期为7月下旬至8月中旬。8月中旬至9月上旬成虫羽化，以受精雌虫于枝干上越冬。

（2）防治方法。

①人工防治。冬季刮除枝条上介壳虫的越冬虫体，3月中旬至4月上旬，用硬毛刷或钢丝刷刷死枝条上的越冬幼虫。树干涂白可减少介壳虫危害树干。

②生物防治。保护和利用天敌昆虫，如红点唇瓢虫成虫、幼虫均可捕食草履蚧的卵、若虫及成虫，还有寄生蜂和捕食螨等。在桃树生长期，如果虫情不重，一般不要喷药，可利用天敌发挥其自然的控制作用。发生较重的桃园，要避免使用广谱性杀虫剂，以保护天敌。

③药剂防治。萌芽前用3～5波美度石硫合剂喷干枝，或95%机油乳剂50～70倍液加48%毒死蜱乳油500倍液。卵孵化期（5月上中旬、7月上中旬、9月上旬）用48%毒死蜱乳油1 500倍液，或24%螺虫乙酯悬浮剂3 000倍液等，均匀喷布枝干和叶片。

4. 桃蛀螟

(1) 发生规律。北方果区一年发生 2～3 代，以老熟幼虫于玉米、向日葵、蓖麻等残株内结茧越冬。4 月下旬至 5 月化蛹，各代成虫发生期：越冬代 5 月下旬至 6 月下旬，第一代 7 月中旬至 8 月下旬，第二代 8 月下旬至 9 月下旬。第一代卵主要产在桃、杏等核果类果树上，第二、三代卵多产于玉米、向日葵等农作物上，幼虫危害至 9 月下旬，老熟后结茧越冬，发生迟者以第二代幼虫越冬。

(2) 防治方法。

①消灭越冬幼虫。越冬幼虫化蛹前处理越冬寄主玉米、向日葵等的残株，消灭其中幼虫。冬季刮除老皮、翘皮消灭其中的越冬幼虫。及时摘除病虫果，集中处理。

②诱杀成虫。在成虫盛发期，利用黑光灯或糖醋液或桃蛀螟性诱剂诱杀成虫。

③药剂防治。在成虫产卵盛期至孵化初期喷药防治，常用药剂及浓度：35％氯虫苯甲酰胺水分散粒剂 8 000 倍液，或 1％甲氨基阿维菌素苯甲酸盐乳油 1 500 倍液，或 40％毒死蜱乳油 1 000～1 500倍液，或 2.5％氯氟氰菊酯乳油 2 000 倍液等。每代喷药 2 次，间隔 10 天左右。

5. 桃潜叶蛾

(1) 发生规律。北方果区一年发生 5～7 代，以成虫在落叶及杂草中越冬，翌年 4 月桃展叶后，成虫开始在叶背产卵，幼虫孵化后，潜入叶内进行危害，幼虫老熟后，多由隧道端部叶片背面咬一小孔爬出，吐丝下垂，在下部叶片背面吐丝作茧。第一代成虫约于 5 月中旬发生，以后约每月发生 1 代。10～11 月后，开始越冬。

(2) 防治方法。

①清洁果园，减少虫源。秋季彻底清扫桃园落叶、杂草，集中烧毁，以消灭越冬蛹或成虫。

②诱杀成虫。在桃潜蛾成虫发生期，用桃潜蛾性诱剂诱杀成虫。

③药剂防治。当每代虫卵叶率超过 5％时，及时喷药防治。常

用药剂及浓度：20％杀铃脲悬浮剂 6 000～8 000 倍液，或 25％灭幼脲悬浮剂 1 500 倍液，或 10％烟碱水剂 1 000 倍液，或 2％甲氨基阿维菌素乳油 5 000 倍液，或 35％氯虫苯甲酰胺水分散粒剂 8 000倍液等。

6. 叶螨

（1）发生特点。危害桃树的叶螨有山楂红蜘蛛、二斑叶螨（又称白蜘蛛）等，属真螨目，叶螨科。国内分布较普遍，在华北、西北、华南等地均有分布，近几年危害加重。可危害桃、杏、李、樱桃、苹果、梨、葡萄、棉、豆等多种植物。叶螨个头很小，行动能力有限，但繁殖能力强、传播蔓延快，极易成灾。幼螨、若螨、成螨群集在寄主叶背取食，刺穿细胞，吸食汁液和繁殖。叶片受害初期，在叶主脉两侧出现许多细小失绿斑点，随着危害程度加重，叶片严重失绿，呈现苍灰色并变硬、变脆，引起落叶，严重影响树势，诱发病害发生，影响花芽形成和果品产量、质量。

北方一年发生 12～15 代，高温干旱发生代数增加。以受精雌成螨在树干翘皮下、粗皮裂缝内、果树根际周围土壤缝隙和落叶、杂草下群集越冬。3 月下旬至 4 月中旬，越冬雌成螨开始出蛰。4 月底至 5 月初为第一代卵孵化盛期。上树后先在徒长枝叶片上进行危害，然后再扩展至全树冠。7 月，螨量急剧上升，进入大量发生期，其发生高峰为 8 月中旬至 9 月中旬，进入 10 月，当气温降至 17℃以下时，出现越冬雌成螨。

（2）防治方法。

①人工防治。早春越冬螨出蛰前，刮除树干上的翘皮、老皮，清除果园里的枯枝落叶和杂草，集中深埋或烧毁，消灭越冬雌成螨；春季及时中耕除草，特别要清除阔叶杂草，及时剪除树根上的萌蘖，消灭其上的二斑叶螨。

②生物防治。主要是保护和利用自然天敌，或释放捕食螨。

③化学防治。

A. 桃树发芽前喷 3～5 波美度的石硫合剂，或 95％机油乳剂 50 倍液（控制杀螨，不杀天敌）杀越冬卵。

B. 适期及时防治，4月上旬为越冬卵盛孵期，5月上旬为第一代夏卵孵化末期，是压低越冬代基数的关键时期。防治红蜘蛛，谢花后3～5天喷杀螨剂。

专性长效杀螨剂：20%四螨嗪悬浮剂2 000～2 500倍液、5%噻螨酮乳油1 500～2 000倍液、34%螺螨酯悬浮剂4 000～5 000倍液等。

专性速效杀螨剂：20%哒螨灵可湿性粉剂2 000～4 000倍液、73%炔螨特乳油2 000～3 000倍液以及25%三唑锡可湿性粉剂1 500～2 000倍液等。

杀虫杀螨剂：1%甲氨基阿维菌素苯甲酸盐乳油3 000～4 000倍液、3.4%阿维菌素乳油2 000～3 000倍液以及2.5%氟氯氰菊酯乳油2 000～2 500倍液等。

防治二斑叶螨（白蜘蛛）：阿维菌素、甲氨基阿维菌素苯甲酸盐、三唑锡、螺螨酯、乙螨唑、联苯肼酯等。

7. 椿象

（1）发生特点。危害桃树的椿象类有绿盲蝽、茶翅蝽、麻皮蝽等。绿盲蝽、茶翅蝽、麻皮蝽属半翅目盲蝽科，寄主广、周年发生时间长，绿盲蝽和茶翅蝽是当前难以防治的害虫。主要危害幼果，以成虫和若虫通过刺吸式口器吮吸桃等幼果的汁液，受害幼果最初出现细小黑褐色坏死斑点，产生小黑斑，可造成果面凹凸不平，果实畸形。

绿盲蝽一年发生4～5代，以卵在桃、石榴、葡萄、棉花枯枝和断枝髓内以及剪口髓部越冬。翌年4月上旬，越冬卵开始孵化，4月中下旬为孵化盛期。若虫为5龄，开始在杂草上进行危害，5月开始危害桃、梨等果实。绿盲蝽有趋嫩危害习性，在潮湿条件下易发生。5月上旬出现成虫，开始产卵，产卵期为19～30天，卵孵化期为6～8天。成虫寿命最长，最长可达45天，9月下旬开始产卵越冬。绿盲蝽除第一代外，其余几代世代重叠严重，很难明确分清各代发生的具体时间。根据绿盲蝽发生规律，第一代若虫孵化期也是药剂防治的关键时期。研究表明，绿盲蝽在果树整个生育期均有发生，第一、二代成虫发生数量较多，第二代成虫于6月下旬达到发生及转主高峰，大量成虫开始转移扩散至其他寄主植物上进行危害，果园内第三代、第四代成虫数量较少，第五代成虫于9月下旬大量迁回果园产卵越冬，发生数最多，且持续时间较长，9月中旬至11月上中旬均有成虫发生。

难以防治的原因：①绿盲蝽寄主作物多，为其生息繁衍提供了多种场所，相互间能进行迁飞转移，不利于彻底防治。②周年发生时间长，3代以后世代重叠不利于集中防治。③虫体相对较小，具有一定隐蔽性，成虫、若虫都能进行刺吸式危害，受害症状表现为滞后性，导致很多农民不能进行及时防治。④千家万户不能进行统一防治，虫体受惊后具假死性，敏锐落地或迁飞，使喷洒药剂接触机会少，不能精准喷洒到虫体，降低了防治效果。⑤成虫有昼伏夜出的习性，农民白天喷药，难以发挥药剂的触杀性能，达不到防治效果。⑥以化学防治为主，持久喷洒农药造成难以控制的负面效应，杀伤大量有益天敌，如捕食绿盲蝽的华姬猎蝽、小花蝽、大眼蝉长蝽、草蛉类、蜘蛛类、胡蜂类等，生态多样性受到严重破坏，导致绿盲蝽对化学农药明显产生抗性，用药量越来越大，防效却越来越低。

（2）防治方法。

①农业防治。冬春彻底清园、刮树皮、翻树盘、剪除病虫枝，清除田间杂草、枯枝落叶、枝条和主干上的老翘皮等，消灭越冬病虫源，让椿象没有藏身之处。

②物理防治。可在春季越冬成虫出蛰期及冬前成虫群集越冬时进行人工捕杀。在生长期随时收集椿象卵块和初孵幼虫，集中销毁。

③生物防治。利用天敌防治，如椿象黑卵蜂。用药防治时，应注意保护天敌。

④化学防治。根据绿盲蝽在当地的实际发生情况，进行2种或2种以上药剂复配，有效防治绿盲蝽。绿盲蝽虫龄较高时，为提高速效性应选择拟除虫菊酯类为主的复配药；当虫龄较低时，为提高

持效期，应选择新烟碱类为主的复配药剂。谷雨节前后是防治关键时期，绿盲蝽5月上中旬喷施48%毒死蜱1 500倍液，或4.5%高效氯氰菊酯1 500倍液，或20%吡虫啉2 000倍液等。此外，还有对绿盲蝽防治效果较好的5种生物药剂：印楝素、苦参碱、鱼藤酮、苦皮藤素和蛇床子素，连喷2次，每次间隔7～10天。茶翅蝽、麻皮蝽在5月下旬至6月初幼果膨大初期和7月上中旬若虫孵化期选用2.5%高效氯氟氰菊酯1 500倍液，或20%甲氰菊酯3 000倍液，或1%甲氨基阿维菌素苯甲酸盐1 500倍液，或3.4%阿维菌素3 000倍液等。上述药剂需轮换使用，避免害虫产生抗药性。

8. 桃红颈天牛

（1）发生特点。红颈天牛是桃树主要枝干害虫，幼虫蛀食树干、皮层和木质部，虫蛀隧道呈不规则形，并向蛀孔外排出大量红褐色虫粪及碎屑，堆于树干基部地面。树体受害后造成皮层脱离、树干中空、树势衰弱，过早死亡。

华北桃区两年发生1代。以幼虫在桃树枝干皮层或木质部蛀道内越冬，春季幼虫恢复活动。在皮层下和木质部钻蛀成不规则隧道，蛀孔外有排出的红褐色虫粪及碎屑，5～6月危害最重，严重时树干被蛀空而死亡。幼虫老熟后黏结粪便和木屑在枝干蛀道内结茧化蛹。6～7月成虫羽化后，先在蛹室内停留3～5天，然后钻出。卵多产在树皮缝内及枝杈处，卵期10～15天。初孵幼虫先在皮下蛀食，以3龄幼虫在韧皮部和木质部之间虫道内越冬。翌年4月又开始活动危害，以5龄幼虫在木质部的虫道内越冬。到第三年5～6月，幼虫老熟后化蛹，经过20～25天羽化为成虫。

（2）防治方法。

①人工防治。因群体量不大，可以人工捕杀。经常检查树干，发现有新鲜虫粪时，用粗铁丝挖掏蛀孔内的幼虫。夏季中午利用成虫栖息枝条的习性，捕杀成虫。使用蒲螨、病原线虫等生物防治。

②药剂防治。

A. 喷药、灌药。在6月下旬成虫羽化高峰期，往树干上喷洒2.5%高效氯氟氰菊酯1 500倍液药，或往蛀孔内灌注80%敌敌畏乳剂 1 000 倍液防治成虫。

B. 磷化铝药片毒杀。将磷化铝（每片 0.6 克）分成 4～8 小块，在每一个排粪孔内塞 1 块，再用黄泥封死，药杀。

9. 蜗牛

（1）发生特点。蜗牛属腹足纲陆生软体动物，种类很多，遍布全球。据有关资料记载，世界各地蜗牛有 4 万种，在我国各省份都有蜗牛分布。蜗牛食性很杂，不但危害粮食、油料、药材、绿化苗木、花卉、杂草，而且危害桃、梨、杏、苹果、葡萄、大樱桃等果树的果实和叶片，成螺、幼螺在果树上危害，舔食幼果、幼叶，造成桃果果面不平。受害叶片呈现大小不等的孔洞和缺刻，造成果园减产。太小的幼螺则在地面取食腐化的叶片及杂草。蜗牛在树上边取食边排泄粪便，分泌的黏液留在树干、叶片和果实上，形成一层白色透亮的膜，既污染果面又易招致病害发生。近年来，桃园蜗牛发生严重。蜗牛依靠外套膜呼吸，喜欢在阴暗潮湿、疏松多腐殖质的环境中生活，怕水淹，昼伏夜出，最怕阳光直射，在潮湿的夜晚，尤其下雨以后，是蜗牛活动最旺盛的时候。蜗牛为变温动物，对环境反应敏感，最适环境为温度 16～30℃，空气相对湿度60%～90%。当温度低于 15℃（冬季）或高于 33℃（夏季）时休眠，低于 5℃或高于 40℃则可能被冻死或热死。蜗牛杂食性和偏食性并存。当受到敌害侵扰时，它的头和足便缩回壳内，并分泌出黏液将壳口封住。当外壳损害致残时，它能分泌某些物质修复肉体和外壳。蜗牛具有很强的生存能力，对冷、热、饥饿、干旱有很强的忍耐性。

蜗牛以成螺、幼螺在草堆、枯枝落叶、表土缝隙等处休眠越冬。越冬成螺、幼螺在翌年气温回升到 10℃以上时开始活动，大约在 4 月底结束。在夏季干旱季节，当气温超过 35℃时便隐蔽起来，不食不动，壳口有白膜封闭。在 7～8 月雨季又大量活动。一般在 4～5 月和 9～10 月多雨时期危害严重，11 月下旬当气温下降至 10℃以下时，进入越冬休眠状态。蜗牛雌雄同体，异体受精，也可同体受精繁殖。每个成螺均能够产卵，一年发生 1 代。大多数在春季 4~5 月交配产卵，也有在秋季 8~9 月交配产卵。卵多产在植物根部 2~4 厘米深疏松、湿润的土中以及枯枝叶下。每一成体可产卵 30~235 粒，卵期 14~31 天，卵呈圆球形，似尿素粒，卵脆，快孵化时呈现浅黄褐色，暴露在日光或空气中就会爆裂。

（2）防治方法。对蜗牛的防治采取农业、物理、生物及化学药剂相结合的综合防治方法，单一措施很难奏效。

①农业防治。

A. 清洁果园。利用地膜覆盖栽培，清洁果园，铲除杂草，及时中耕深翻，及时排水，破坏蜗牛栖息和产卵的场所。

B. 人工捕捉。部分蜗牛上树不下树，白天躲在叶背或者树干背光处，可结合修剪进行人工捕捉，集中深埋。

C. 中耕爆卵。利用蜗牛卵遇到阳光和干燥空气会爆裂的习性，雨后或 6 月中旬产卵高峰期中耕翻土，使卵暴露土表而爆裂，可明显减轻危害。

D. 树干绑草把或塑料布。选取叶片少、茎秆较硬的芦苇草，截成 30~35 厘米长的一段，晒干备用。春季，在树干距地面 30~40 厘米之间缠绕一个 1 厘米厚的草圈，再用细铁丝或尼龙绳捆绑，完成后，树干上所围的草圈呈喇叭口状朝上，等绑缚固定好后再向外翻朝下，成为阻隔圈，防治蜗牛效果在 90% 以上。采用宽 30 厘米、长 40~45 厘米的日光温室废旧棚膜，用同样的方法绑在树干上，阻隔蜗牛上树，防治效果在 60% 以上。

E. 涂胶法。春季在蜗牛没有上树前，用粘虫胶涂果树树干一周。此法可防治靠爬行上树的多种害虫。

②物理防治。用果汁、食醋、啤酒等气味芳香的食品配制液体，以塑料盆盛装，放置在蜗牛发生的果园地面，诱集蜗牛至盆中淹死。

③生物防治。

A. 保护和利用天敌。避免使用高毒、广谱性农药，禁止捕猎鸟类、蜥蜴等天敌动物，可减轻危害。

B. 果园养鸭。鸭子可食蜗牛。一只受过食蜗训练的鸭子，从

3~5月可食蜗牛1.3万头。

④化学防治。

A. 撒生石灰。在蜗牛出土时的晴天傍晚，在树盘下撒施生石灰，蜗牛出来活动因接触石灰而死。

B. 用碳酸氢铵防治。5~10月是蜗牛活动期，特别是5~6月、9~10月，是蜗牛取食、产卵高峰期。雨后阴天或小雨间歇是蜗牛爬行的关键时期，于傍晚和次日清晨连续喷洒碳酸氢铵30~50倍液2次，喷洒部位以地面、草丛、树干、大枝等蜗牛爬行区域为主，蜗牛接触到碳酸氢铵溶液后，失水皱缩而死。

C. 药剂防治。可用6%四聚乙醛颗粒剂（密达、蜗抖等），在雨后傍晚或日落到天黑前每亩用500~650克药剂均匀撒施在根际周围进行诱杀，防治效果较为明显。也可用6%四聚乙醛颗粒剂0.5千克拌细土10千克制成毒土，在蜗牛出蛰活动、未上树以前撒施在果园地面上。对于秋季受蜗牛危害严重的果树，在越夏蜗牛出来活动时，在地面撒施1次密达颗粒剂毒土，可收到理想的防治效果。在蜗牛多时，可选用高效氯氟氰菊酯1 000倍液或四聚乙醛170倍液喷雾防治。

五、葡萄主要病虫害绿色防控

（一）葡萄主要病害

1. 葡萄霜霉病

（1）发病规律。真菌病害。以卵孢子在有病组织中越冬，可存活1~2年，翌年7月末至8月初开始发病，借风雨传播，通过气孔侵入叶片。病害的潜育期在感病品种上只有4~13天。气候条件对该病的发生和流行影响很大，冷凉潮湿的天气有利于发病，它是葡萄生长后期病害。果园地势低洼、通风不良、密度大、修剪差有利于发病，棚架比立架发病重，棚架低比高的发病重。施氮肥过多、枝叶茂密、果实延迟成熟，发病重。

（2）防治方法。

①选用抗病品种，美洲种葡萄比欧亚种葡萄抗病。

②及时绑缚枝蔓，改善通风透光条件；增施磷肥、钾肥，增强植株的抗病力。秋季彻底清扫葡萄园，将病叶集中烧毁。

③药剂防治。发病初期喷施1∶0.7∶200倍波尔多液，或50%烯酰吗啉1 000~1 500倍液，或90%三乙膦酸铝可湿性粉剂400~600倍液，或25%甲霜灵可湿性粉剂800~1 000倍液，或64%噁霜·锰锌可湿性粉剂500~600倍液，或25%吡唑醚菌酯乳油2 000倍液等。注意上述药剂交替使用，叶片正面和背面都要喷洒均匀。隔10~15天喷1次，整个生长季防治3~5次。

2. 葡萄白腐病

（1）发病规律。真菌病害。病菌以分生孢子器在病组织中越冬。病果上的病菌可以存活4~5年。春季，越冬病菌产生分生孢子，借雨水溅散传播，通过伤口、蜜腺等侵入，高温高湿是该病发生和流行的重要条件。果穗距离地面越近越容易染病，尤其距地面

40 厘米以下的果穗发病更重。地势低洼、土壤黏重、杂草丛生、通风不良的葡萄园易发病，篱架比棚架发病重。

（2）防治方法。

①做好清园工作，收集病枝、病果、病叶，集中烧毁。

②改进修剪方式，提高结果部位；加强中耕除草，保持通风透光。

③发病初期，喷施 50％苯菌灵可湿性粉剂 600 倍液，或 70％甲基硫菌灵可湿性粉剂 800 倍液，或 25％吡唑醚菌酯乳油 2 000 倍液，或 43％戊唑醇悬浮剂 3 000 倍液，隔 10～15 天 1 次，连续防治 3～4 次。

3. 葡萄炭疽病

（1）发病规律。真菌病害。病原菌主要以菌丝在枝蔓的节上和叶痕上越冬，也可在架上残留的带菌死蔓、病果、枯卷须及结果母枝上越冬，翌年产生分生孢子通过风雨传播，从皮孔、伤口侵染果穗，潜伏侵染，至果实着色近成熟时发病。一般年份，病害 6 月中旬开始发生，7～8 月果实近成熟时，进入发病盛期。

果实生长中后期多雨潮湿、雾大露重可导致炭疽病大发生。株行距过密、土壤黏重的葡萄园发病重，地势低洼、雨后积水、通风不良以及环境潮湿的葡萄园发病重。

（2）防治方法。

①清洁果园。春季萌芽前，喷 3～5 波美度石硫合剂于枝干及植株周围，消灭越冬菌源。

②喷药保护。炭疽病有明显的潜伏侵染的现象，应提早喷药保护。常用药剂有 50％多菌灵可湿性粉剂 600 倍液，或 70％甲基硫菌灵可湿性粉剂 800 倍液，或 43％戊唑醇悬浮剂 3 000 倍液，或 25％咪鲜胺乳剂 600 倍液等。

4. 葡萄黑痘病

（1）发病规律。真菌病害。葡萄黑痘病主要危害葡萄的幼嫩绿色部分。嫩叶发病时，初为多角形红褐色小斑点，后期病斑干枯形成星芒状穿孔。成叶染病，沿叶脉产生淡黄色圆形斑，中央灰白色，稍凹陷，边缘深褐色或黑色；后期病斑亦干枯并形成穿孔。严重时，病叶干枯扭曲，甚至早落。幼果受害，初为褐色圆斑，后中部灰白色，稍凹陷，边缘暗褐色或紫色；后期病斑硬化或龟裂，果粒变小，味酸。成熟果粒染病，在果皮表面出现木栓化斑，潮湿时，病斑表面可产生乳白色黏液。新梢发病，病斑初为圆形或近圆形、褐色、凹陷，扩展后呈长圆形的病斑，边缘色深，褐色或深褐色、中央灰褐色，后期病斑中部开裂，维管束外露。严重时，病斑连片，致新梢枯死。穗轴、叶柄、卷须发病与新梢受害表现相似。

葡萄黑痘病病原菌以菌丝体在病果、病叶及病叶柄痕等部位越冬，翌年葡萄开始生长时形成分生孢子进行初侵染，分生孢子借风雨传播，直接侵入。初侵染发病的新梢和嫩叶产生分生孢子，陆续侵染新生的绿色部分，不断进行再侵染。降雨和潮湿是病害流行的重要条件。一般开花前后及幼果期多雨则发病较重。排水不良，地下水位高、管理粗放、通风透光不好及偏施氮肥、枝叶徒长的葡萄园病害发生较重。

（2）防治方法。

①搞好苗木检验与消毒。新建园时，对所调苗木及插条要严格检验，对于可疑苗木，可以用下列药剂浸泡 3～5 分钟以杀菌：10％～15％的硫酸铵溶液，或 3％～5％的硫酸铜液，或硫酸亚铁硫酸液（10％的硫酸亚铁加 1％的粗硫酸），或 3～5 波美度的石硫合剂液等。

②加强栽培管理。合理施肥，增施有机肥及磷、钾肥，避免偏施氮肥，增强树势，及时整蔓打杈，保证通风透光。

③处理越冬菌源。秋季葡萄落叶后彻底清扫果园，把落叶、病果、病梢扫净烧毁。修剪时尽可能剪除病梢，把附着于枝蔓上的病穗、卷须等清理干净。

④药剂防治。在葡萄发芽前，喷 1 次 3～5 波美度石硫合剂铲除树上的越冬病菌。在葡萄发芽后至果实着色前，每 10～15 天喷药 1 次进行防治，常用药剂及浓度：1：（0.5～0.7）：（160～240）倍波尔多液，或 80％代森锰锌可湿性粉剂 800 倍液，或 70％

甲基硫菌灵可湿性粉剂 800～1 000 倍液，或 30％碱式硫酸铜悬浮剂 400～500 倍液，或 25％吡唑醚菌酯乳油 2 000 倍液等。注意开花前尽量避免使用波尔多液，以免影响坐果。

5. 葡萄褐斑病

（1）发病规律。真菌病害。该病只危害叶片，初期表面产生黄绿色小斑点，逐渐扩大形成近圆形或多角形坏死斑，病斑边缘颜色较深，呈暗褐色，中心部位较浅呈茶褐色，后期病斑背面可产生黑色霉状物。严重时，从病斑外围开始发黄，最后整个叶片变黑，甚至早期脱落。

葡萄褐斑病病原菌主要以菌丝体或分生孢子在落叶上越冬，翌年初夏产生分生孢子，通过气流和雨水传播。潮湿条件下，孢子萌发，从叶背气孔侵入危害，可发生多次再侵染。病害常从下部叶片开始发生，逐渐向上蔓延。北方葡萄产区多从 6 月开始发病，7～9 月为发病盛期。多雨年份及多雨地区发生重，管理粗放、肥水不足、树势衰弱时发病重，果园郁闭、通风透光不良、小气候潮湿时可加重病害发生。

（2）防治方法。

①加强栽培管理。增施有机肥，培育壮树，提高树体抗病能力；合理修剪，及时整枝、摘心，使果园通风透光，降低园内湿度。

②清洁田园，减少越冬菌源。秋末冬初彻底清扫落叶，集中烧毁。

③药剂防治。早春芽膨大而未萌发前，结合其他病虫害的防治药剂，喷 3～5 波美度石硫合剂以消灭越冬菌源。从发病初期喷药防治，每 10～15 天 1 次，连喷 3～5 次。常用药剂及浓度：1∶0.5∶200 倍波尔多液，或 80％代森锰锌可湿性粉剂 800 倍液，或 70％甲基硫菌灵可湿性粉剂 800～1 000 倍液，或 43％戊唑醇悬浮剂 3 000 倍液等。

6. 葡萄蔓枯病

（1）发病规律。真菌病害。葡萄蔓枯病又称蔓割病，主要危害葡萄主蔓或新梢。主蔓基部近地表处易染病，初期病斑红褐色，略凹陷，后扩大成黑褐色大斑。秋天病蔓表皮纵裂为丝状，易折断，病部表面产生很多黑色小粒点，即病原菌的子实体。新梢染病，叶色变黄，叶缘卷曲，新梢枯萎，叶脉、叶柄及卷须常生黑色条斑。

葡萄蔓枯病病原菌以分生孢子器或菌丝体在病蔓上越冬，翌年5～6月释放分生孢子，借风雨传播。在水滴或雨露条件下，经伤口或由气孔侵入，引起发病。病原菌侵入后在韧皮部和木质部蔓延，葡萄防寒埋土和出土上架造成的伤口是病原菌的主要侵染部位。管理粗放或肥水使用不当造成树势衰弱是诱发蔓枯病的主要因素，多雨或湿度大的地区、冻害严重的葡萄园发病重。

（2）防治方法。

①加强葡萄园管理。增施有机肥，增强树势，提高树体抗病力。合理修剪，使葡萄园通风透光，降低小气候湿度。疏松或改良土壤，雨后及时排水，注意埋土防冻。

②人工刮除病斑。及时检查枝蔓，发现病部后，轻者用刀刮除病斑，重者剪掉或锯除，伤口用5波美度石硫合剂或45%石硫合剂30倍液消毒。

③药剂防治。在发芽前喷1次2～3波美度石硫合剂，杀灭在枝蔓上越冬的病原菌。5～6月及时喷药保护，常用药剂及浓度：1：（0.5～0.7）：（160～240）倍波尔多液，或80%代森锰锌可湿性粉剂800倍液，或14%络氨铜水剂400～500倍液，或40%氟硅唑乳油3 000倍液等。

（二）葡萄主要虫害

1. 绿盲蝽

（1）发生规律。绿盲蝽一年发生4～5代，主要以卵在树皮缝内、顶芽鳞片间、断枝和剪口处以及苜蓿、蒿类等杂草或浅层土壤中越冬。翌年3～4月，月均温达10 ℃以上、相对湿度高于60%时，卵开始孵化，第一代绿盲蝽的卵孵化期较为整齐，葡萄发芽后即开始上树进行危害，孵化的若虫集中危害幼叶。绿盲蝽从早期叶芽萌发开始危害到 6 月中旬，其中在展叶期和幼果期危害最重。成虫寿命 30～40 天，飞行力极强，白天潜伏，稍受惊动便迅速爬迁，不易被发现。清晨和夜晚爬到叶芽及幼果上刺吸，在春秋两季危害重，10 月上旬产卵越冬。

（2）防治方法。

①冬季或早春刮除树上的老皮、翘皮，铲除果园及附近的杂草和枯枝落叶，集中烧毁或深埋，可减少越冬虫卵；萌芽前喷 3～5 波美度石硫合剂，可杀死部分越冬虫卵。

②选择最佳时间、合适药剂进行化学防治，应注意在各代若虫期集中统一用药，此时用药，若虫抗药性弱，防治效果较好。药剂可选择 2.5％溴氰菊酯乳油 2 000 倍液，或 48％毒死蜱乳油 1 000～1 500倍液，或 52.25％氯氰·毒死蜱乳油 1 500～2 000 倍液，或 5％高氯·吡乳油 1 500 倍液等交替使用。喷药应选择无风天气、在早晨或傍晚进行，要对树干、树冠、地上杂草、行间作物全面喷药，喷雾时药液量要足，做到里外打透、上下不漏，同时注意群防群治，集中时间统一进行喷药，以确保防治效果。

2. 葡萄二星叶蝉

（1）发生规律。以成虫、若虫聚集在葡萄叶片背面刺吸汁液，严重时叶片苍白或焦枯，影响枝条成熟和花芽分化。北方果区一年发生 3 代，以成虫在葡萄园或其他果园附近的土石缝、杂草、落叶下越冬，翌年 3 月成虫开始出蛰，先在发芽早的杂草上或苹果、梨等果树上吸食汁液，在 5 月上旬葡萄展叶时，成虫转移到葡萄上进行危害，在 5 月中旬产卵，卵产在葡萄叶背面的叶脉内或绒毛中，在 6 月上旬孵化为若虫。各代成虫发生期为：6 月下旬、8 月中旬、9～10 月，整个葡萄生长季节都有成虫、若虫发生危害。

（2）防治方法。

①清洁果园。清除葡萄园内落叶和杂草，消灭害虫越冬场所；生长季节铲除园内杂草，搞好夏季修剪，以利通风透光。

②喷药防治。发生量较大时，可用 2％甲氨基阿维菌素苯甲酸盐 3 000 倍液，或 10％烟碱水剂 1 000 倍液，或 2.5％高效氯氟氰

菊酯 2 000 倍液等喷雾防治。

3. 葡萄根瘤蚜

（1）发生特点。以成虫、若虫刺吸叶、根的汁液进行危害，分叶瘿型和根瘤型两种。欧洲系统葡萄上只有根瘤型，美洲系统葡萄上两种都有。叶瘿型：受害叶向叶背凸起成囊状，虫在瘿内吸食、繁殖，重者叶片畸形萎缩，生育不良甚至枯死。根瘤型：粗根受害形成瘿瘤，后瘿瘤变褐腐烂，皮层开裂，须根受害形成菱角形根瘤。

北方果区一年发生5～8代，主要以1龄若虫和少量卵在二年生以上粗根分杈或根上缝隙处越冬。翌春4月越冬若虫开始危害粗根，经4次蜕皮后变成无翅雌蚜，7～8月产卵，幼虫孵化后危害根系，形成根瘤。根瘤蚜主要以孤雌生殖方式繁殖，只在秋末才营两性生殖，雌、雄交尾后越冬产卵。该害虫远程传播主要随苗木的调运。

（2）防治方法。

①进行苗木检疫及消毒。葡萄根瘤蚜是国内外植物检疫对象，在苗木出圃时，必须严格检疫。如发现苗木有蚜病，必须认真消毒。消毒方法有两种。

A. 热水杀蚜，将苗木、插条先放入 30～40℃热水中浸 5～7分钟，然后移入 50～52℃热水中浸 7 分钟。

B. 将苗木和枝条用50％辛硫磷1 500倍液浸泡1～2分钟，取出阴干，严重者可立即就地销毁。

②改良土壤。该害虫在沙壤土中发生极轻，黏重园区应改良土壤质地，提高土壤中沙质含量。

③药剂处理。可用辛硫磷、阿维菌素、氯化苦、吡虫啉等药剂处理土壤。

4. 葡萄短须螨

（1）发生特点。以成、若螨危害嫩梢茎部、叶片、果梗、果穗及副梢进行危害。叶片受害后呈黑褐色锈斑，严重时叶片枯焦脱落。果穗受害后果梗、果穗呈黑色，组织变脆，容易折断。果粒前期受害，果实呈铁锈色，表皮粗糙甚至龟裂；果粒后期受害影响着色。

山东一年发生6代，以雌螨在蔓的裂皮下、芽鳞片、叶痕等处越冬，翌年5月上中旬开始出蛰，向新芽上转移，6～8月大量繁殖，多聚集在叶背近叶脉处，随副梢生长逐渐向上移，9月上旬出现越冬型雌螨，以小群落在裂皮下越冬。

（2）防治方法。

①清洁果园。冬季清园刮除枝蔓上老粗皮，消灭在粗皮越冬的雌成虫。

②药剂防治。春季葡萄发芽前，喷5波美度石硫合剂。葡萄生长季节喷洒药剂及浓度：0.2～0.3波美度石硫合剂，或0.3%苦参碱水剂800倍液，或1.8%阿维菌素乳油2 000倍液等。

5. 葡萄透翅蛾

（1）发生规律。低龄幼虫蛀食嫩梢髓部，使嫩梢枯萎，大龄幼虫蛀食较粗枝蔓，受害部变粗、肿大、叶片变黄，果实脱落，枝蔓易折断。

一年发生1代，以老熟幼虫在葡萄粗蔓内越冬，翌年4月幼虫开始在受害枝蔓内化蛹，5月上旬至6月上中旬成虫羽化，5月中旬为羽化高峰。成虫羽化当天或次日交配、产卵，单雌产卵79～91粒。初孵幼虫先取食嫩叶、嫩茎，然后蛀入嫩茎中，一般多在叶柄基部和叶节处蛀入，蛀入孔处常有虫粪排出。幼虫蛀入新梢后，一般向端部蛀食。6月中旬至9月中旬进行2～3次转移危害。受害的新梢，有的局部膨大成肿瘤状，表皮变为紫红色。越冬前幼虫蛀入1～3年生的粗蔓中取食。9月下旬至10月上中旬，幼虫陆续老熟，在虫道末端蛀蛹室越冬休眠。

（2）防治方法。

①清洁果园，人工捕虫。冬夏季节经常检查，发现被蛀蔓要及时剪除烧毁或深埋，特别要注意将肿瘤状藏有幼虫的枝条剪下，集中烧毁，以消灭幼虫。

②诱杀成虫。每年6月开始悬挂透翅蛾性诱杀虫剂，以消灭成

虫，降低危害，并且可以此作为施药适期预报的依据。

③药剂防治。在成虫羽化的盛末期可喷药防治，常用药剂及浓度：25％灭幼脲悬浮剂 2 000 倍液，或 20％除虫脲悬浮剂 3 000 倍液，或 35％氯虫苯甲酰胺水分散粒剂 5 000 倍液等。

6. 斑衣蜡蝉

（1）发生特点。斑衣蜡蝉又称椿皮蜡蝉。葡萄受害较重。以成、若虫刺吸嫩叶、枝干汁液，并将排泄物排在枝叶和果实上，引起煤污病发生。嫩叶受害常造成穿孔，受害严重的叶片破裂。一年发生 1 代。以卵块在枝干上越冬。5 月中下旬孵化为若虫，在葡萄幼茎嫩叶的背面危害，受惊后即会跳跃离去。若虫期为 60 余天，蜕皮 4 次，6 月中下旬出现成虫。成虫、若虫都有群集性，弹跳力很强。成虫夜间交尾，8 月中下旬为产卵盛期，卵块产在葡萄蔓的腹面或枝杈阴面，1 个卵块需 2～3 天才能产完，以卵越冬。成虫寿命长达 3～4 个月，10 月下旬逐渐死亡。

（2）防治技术。

①人工防治。冬春修剪果树时，发现越冬卵块及时消灭。

②药剂防治。在成虫、若虫期，喷洒 48％毒死蜱乳油 1 000 倍液，或 2.5％高效氯氟氰菊酯水乳剂 2 000 倍液。

六、梨树主要病虫害绿色防控

（一）梨树主要病害

1. 梨黑星病

（1）发病规律。真菌病害。病原菌主要以分生孢子和菌丝体在梨树芽鳞、病叶、病果和枝条上越冬。翌春温湿度条件适宜时，分生孢子和叶片上形成的子囊孢子，通过风雨或气流传播侵染。该病在田间有多次再侵染。一般7～8月雨季为病害发生盛期。

该病的发生流行与降雨有很大关系，春雨早则病原菌侵入时间亦早，雨水多的年份，病害发生重，干旱年份发生轻。地势低洼、树冠茂密、通风不良的果园发病重。

（2）防治方法。

①加强果园管理。增施有机肥料，科学施用氮、磷、钾肥，增强树势；合理修剪，控制结果量，提高抗病力。

②清洁梨园。晚秋清扫梨树落叶，清除病果、病枯枝，减少越冬菌源；早春梨树发芽前结合修剪清除病梢，集中烧毁；发病初期及时摘除病花簇、病梢。

③药剂防治。在梨树开花前、花后各喷1次12.5%烯唑醇可湿性粉剂2 000倍液保护花序、嫩梢和新叶，自5月中旬开始，每隔15～20天喷药1次，连喷4～6次。常用药剂及浓度：80%代森锰锌可湿性粉剂800倍液，或40%氟硅唑乳油5 000倍液，或43%戊唑醇悬浮剂3 000倍液，或25%吡唑醚菌酯乳油2 000倍液，或10%苯醚甲环唑3 000倍液等。

2. 梨黑斑病

（1）发病规律。真菌病害。病原菌以菌丝及分生孢子在病枝、病叶和枯芽中越冬。翌年春天产生分生孢子，借风雨传播进行初次侵染，由表皮、气孔或者伤口入侵寄主组织内，新老病斑陆续产生分生孢子进行再侵染。此病在梨树整个生长季节均可发病。

该病发生与降雨有密切关系，多雨年份利于该病发生。地势低洼的果园，或通风透光不良，缺肥或偏施氮肥的梨树发病较重。

（2）防治方法。

①加强栽培管理，增强树势，提高抗病能力。增施有机肥，避免偏施氮肥。地势低洼的果园，做好排涝工作。重病园实行重修剪，改善通风透光条件。

②清洁果园，减少越冬菌源。在秋末冬初，彻底清扫落叶、病果，修剪时注意除去病梢、病枝，减少越冬菌源。

③药剂防治。梨树发芽前，喷 1 次 5 波美度石硫合剂，铲除枝干上越冬的病原菌。发芽后、开花前和落花后，各喷药 1 次，从 5 月中下旬开始，每隔 15～20 天喷药 1 次，连喷 4～6 次。常用药剂及浓度：1∶2∶（200～240）倍波尔多液，或 70％代森锰锌可湿性粉剂 600 倍液，或 75％百菌清可湿性粉剂 800 倍液，或 50％异菌脲可湿性粉剂 1 500 倍液，或 10％多抗霉素可湿性粉剂 1 000～1 500 倍液。

3. 梨锈病

（1）发病规律。真菌病害。梨锈病必须在梨和桧柏两类不同寄主上，才能完成生活史。病原菌以多年生菌丝体在桧柏病组织中越冬，春季冬孢子发芽，产生小孢子，随空气传播到梨树上发病。在梨树上产生的锈孢子，由风雨再传到桧柏上越冬。因此建立梨园时，应该避开栽有桧柏的地方，两者间距不少于 5 千米。

锈病流行与春季气候条件关系密切，3～4 月间气温偏低，降水次数和降水量多，容易引起该病的发生或流行。

（2）防治方法。

①切断侵染循环。在梨园四周 2.5～5 千米以内，彻底砍伐桧柏，切断锈病原菌的侵染循环。

②药剂防治。在春季展叶时，喷施 80％代森锰锌可湿性粉剂 800 倍液，或 40％氟硅唑乳油 5 000 倍液，或 43％戊唑醇悬浮剂

3 000倍液，或 25％吡唑醚菌酯乳油 2 000 倍液，或 10％苯醚甲环唑水分散粒剂 3 000 倍液等，一年防治用药 2～3 次。

4. 梨干枯病

（1）发病规律。真菌病害。病原菌以菌丝体在当年侵染的芽体组织或分生孢子、子囊壳在病组织上越冬，翌年春天病斑上形成分生孢子，借雨水传播，一般是从修剪和其他的机械伤口侵入，也能直接侵染芽体。一般幼树和成龄树均可发生，往往是在主干或主枝基部发生腐烂病或干腐病后，树体或主枝生长势衰弱，其上的中小枝组发病较重。以秋子梨和洋梨系品种发生重，白梨系品种发病较轻，生长势衰弱的树发生较重。

（2）防治方法。

①农业防治。加强栽培管理，增壮树势。加强树体保护，减少伤口。对修剪后的大伤口，及时涂抹油漆或动物油，以防止伤口水分散发过快而影响愈合。从幼树期开始，坚持每年树干涂白，防止冻伤和日灼。

②化学防治。每年芽前喷石硫合剂，生长期喷施杀菌剂时要注意全树各枝干上均匀着药。

5. 梨黄叶病

（1）发病规律。北方梨区发生广泛，其中以东部沿海地区和内陆低洼盐碱区发生较重，往往是成片发生，在中性沙质壤土上也有不同程度的发生。症状都是从新梢叶片开始，叶色由淡绿变成黄色，仅叶脉保持绿色，严重发生的整个叶片是黄白色，在叶缘形成焦枯坏死斑。发病新梢枝条细弱，节间延长，腋芽不充实，梨树从幼苗到成龄的各个阶段都可发生。最终造成树势下降，发病枝条不充实，抗寒性和萌芽率降低。

缺铁症状从新梢开始就可表现，有时在新梢停长或雨季到来后症状有所减轻。在碱性土壤中，由于盐基的作用使活性铁转化成非活性铁，而不能被植物吸收利用，形成缺铁性失绿，因而缺铁性黄化多发生在盐碱地区。在中性土壤中，肥水过量，尤其偏施氮肥，造成新梢生长过量，铁元素吸收不足，也会使新梢表现出不同程度的缺铁失绿症状，这种情况下能通过平衡施肥、增施有机肥、控制新梢生长等方法使缺铁失绿得到缓解。

（2）防治方法。

①改土施肥，在盐碱地定植梨树，除大坑定植外，还应进行改土施肥。方法是从定植的当年开始，每年秋天挖沟，将好土和杂草、树叶、秸秆等加上适量的碳酸氢铵和过磷酸钙混合后回填。第一年改良株间的土壤，第二年沿行间从一侧开沟，第三年改造另一侧。经过4～5年的改造，当梨树进入盛果期以后，不仅全园的土壤得已改良，还能极大地提高土壤有机质的含量，为优质丰产奠定基础。

②平衡施肥，尤其要注意增施磷钾肥、有机肥、微肥。

③叶面喷施300倍硫酸亚铁。根据黄化程度，每间隔7～10天喷1次，连喷2～3次。也可根据历年黄化发生的程度，对重病株芽前喷施80～100倍的硫酸亚铁。柠檬酸铁和黄腐酸铁也具有改善缺铁的作用。

6. 梨缩果病

（1）发病规律。北方梨区普遍发生的一种生理性病害，其危害是在果实上形成缩果症状，使果实完全失去商品价值。不同品种对缺硼的耐受能力不同，不同品种上的缩果症状差异也很大。在鸭梨上，严重发生的单株自幼果期就显现症状，果实上形成数个凹陷病斑，严重影响果实的发育，最终形成猴头果。凹陷部位皮下组织木栓化。中轻度发生的不影响果实的正常膨大，在果实生长的后期出现数个深绿色凹陷斑，随果实的发育凹陷加剧，最终导致果实表面凹凸不平。在砂梨和秋子梨的某些品种上凹陷斑变褐色，斑下组织亦变褐木栓化甚至病斑龟裂。

梨缩果病是由缺硼引发的一种生理性病害。缩果病在偏碱性土壤的梨园和地区发生较重。另外，硼元素的吸收与土壤湿度有关，过湿和过干都影响到梨树对硼元素的吸收。因此，在干旱贫瘠的山坡地和低洼易涝地更容易发生缩果病。

（2）防治方法。

①适当的肥水管理。干旱年份注意及时浇水,低洼易涝地注意及时排涝,维持适中的土壤水分状况,保证梨树正常生长发育。

②叶面喷硼肥。对有缺硼症状的单株和园区,从幼果期开始,每隔 7~10 天喷施 300 倍硼酸或硼砂溶液,连喷 2~3 次,一般能收到较好的防治效果,也可以结合春季施肥,根据植株的大小和缺硼发生的程度,单株根施 100~150 克硼酸或硼砂。

7. 梨果实贮藏期腐烂

(1) 发病规律。主要在贮藏和运输过程中发生。除潜伏侵染的轮纹病、褐腐病病果在贮藏期继续发病腐烂以外,还有灰霉腐烂、青霉腐烂、红粉腐烂,这 3 种腐烂病仅在贮藏期发生,是造成贮藏期烂果的重要病原。尤其是在贮藏条件不当、贮藏期过长时,更易大量发生,造成很大的经济损失。

3 种病原菌均是在土壤和空气中大量存在的腐生真菌,都以菌丝体或分生孢子梗在冷库、包装物或其他霉变的有机物上越冬,通过气流或病健果直接接触传播。机械选果中的水流也是病原菌传播的途径。采运过程中的机械伤口、病虫危害后形成的伤口等,都是腐生真菌侵入的途径。果实装箱后,长距离运输、果实相互挤压碰撞形成伤口、病健果直接接触传染,造成运输途中的"烂箱"。贮藏条件不当,尤其是贮藏期过长时发生严重。3 种腐烂病有交叉感染的现象。

(2) 防治方法。

①严格采收管理。在采收、分级、包装、装卸、运输的各个环节都要进行严格管理,最大限度地减少伤口。

②入库前对冷库进行全面彻底清理,清除各种霉变杂物,喷施杀菌剂或释放烟剂,进行消毒处理。

③在果实装箱前进行浸药处理,装箱后尽快入库,贮藏期定期抽样检查,及时发现病果并清除。

(二)梨树主要虫害

1. 梨小食心虫

(1) 发生规律。在华北地区一年发生 3~4 代,以老熟幼虫在果树枝干和根颈裂缝处及土中结成灰白色薄茧越冬。翌年春季 4 月上中旬开始化蛹，此代蛹期为 15～20 天，成虫发生期在 4 月中旬至 6 月中旬，发生期很不整齐，导致以后世代重叠。该害虫有转主危害习性，一般 1～2 代主要危害桃、李、杏的新梢，3～4 代危害桃、梨、苹果的果实。

在梨、苹果和桃树混栽或邻栽的果园，梨小食心虫发生重；山地管理粗放的果园发生重；一般雨水多、湿度大的年份，发生比较重。

（2）防治方法。

①建园时，尽可能避免桃、梨、苹果、樱桃混栽或近距离栽培。可在末代幼虫越冬前在主干绑草把，诱集越冬幼虫。

②果实套袋。梨果实套袋对该虫有较好的防治效果。

③释放信息素迷向剂。迷向剂应在越冬代成虫羽化前（芽萌动期）释放，其次为第一代成虫羽化前。

④结合虫情监测，掌握各代成虫产卵孵化高峰期喷药防治。一般每代应施药 2 次，间隔 10 天左右。常用药剂及浓度：35%氯虫苯甲酰胺水分散粒剂 8 000 倍液，或 1%甲氨基阿维菌素苯甲酸盐乳油 1 500 倍液，或 40%毒死蜱乳油 1 000～1 500 倍液，或 2.5%高效氯氟氰菊酯乳油 2 000 倍液等。

2. 梨黄粉蚜

（1）发生规律。一年发生 8～10 代，以卵在果台和枝干裂缝以及秋梢芽鳞内越冬。翌春梨开花期孵化为干母，初孵幼虫多在原越冬场所嫩皮下吸汁、生长、繁殖。幼果膨大期，转移到萼洼和果面上进行危害，并产卵于身旁。6～8 月是危害盛期，9 月转向新梢尖端叶腋危害，产生有性型，并产卵越冬。黄粉蚜近距离靠人工传播，远距离靠苗木和梨果调运传播。

（2）防治方法。

①农业措施。冬季刮除粗皮和树体上的残留物，清洁枝干裂缝，以消灭越冬卵；注意清理落地梨袋，尽量烧毁深埋；剪除秋梢，秋冬季树干刷白。

②药剂防治。梨树萌动前，喷 5 波美度石硫合剂 1 次，可大量杀死黄粉蚜越冬卵。注意梨树对硫敏感，发芽后最好不喷。4 月下旬至 5 月上旬，黄粉蚜陆续出蛰转枝，但此期也是大量天敌上树定居时，慎重用药。

5 月中下旬、7～8 月做好药剂防治。常用药剂及浓度：10％吡虫啉可湿性粉剂 2 000 倍液，或 1.8％阿维菌素乳油 3 000 倍液，或 2.5％高效氯氟氰菊酯乳油 2 000 倍液等。

3. 梨木虱

（1）发生规律。在山东一年发生 6～7 代。以冬型成虫在落叶、杂草、土石缝隙及树皮缝内越冬，发芽前即开始产卵于枝叶痕处，或新芽幼嫩组织茸毛内、叶缘锯齿间、主脉沟内等处。花芽膨大期是孵化盛期，麦前和麦后是危害盛期。若虫多喜好在两叶相贴之处、卷叶中及叶背面栖息危害。若虫尾部分泌黏液，虫体淹没其中，待黏液干涸后，为霉菌腐生，变成一层黑霉。受害严重时，叶片枯焦脱落。10 月下旬至 11 月间出现越冬成虫，并陆续到树皮缝等处越冬。

梨木虱发生与气候、品种有密切关系，一般干旱年份危害重，雨水多的年份发生轻，叶片蜡质层薄的品种受害重。

（2）防治方法。

①清洁果园。冬季刮树皮集中烧毁或深埋，以消灭越冬成虫；及时清除杂草和落叶；在梨树新梢尚未停止生长前，新梢顶部卷叶内的梨木虱占总虫量 95％左右时，及时摘除嫩梢。

②关键期药剂防治。梨树花芽开放前、越冬代成虫出蛰期、第一代成虫羽化始盛期等时期进行药剂防治。常用药剂及浓度：10％吡虫啉可湿性粉剂 2 000 倍液，或 1.8％阿维菌素乳油 2 000 倍液，或 25％噻虫嗪水分散粒剂 5 000 倍液，或 24％螺虫乙酯悬浮剂 4 000 倍液等。由于若虫藏匿于自己分泌的蜜露中，喷药必须细致周到；雨后蜜露被冲刷掉，此时喷药效果更佳。

4. 梨二叉蚜

（1）发生规律。梨二叉蚜又称梨蚜、卷叶蚜等，以成虫、若虫刺吸梨芽、嫩梢、叶片的汁液进行危害。危害叶片时，蚜虫群集于叶正面，使其两侧向正面纵卷成筒状，皱缩、硬脆，以后干枯脱落，严重时造成大批早期落叶，影响树势。

梨二叉蚜一年发生 10 多代，以卵在芽腋、树权或树皮缝隙中越冬。早春花芽膨大时越冬卵开始孵化。初孵若虫先群集芽上进行危害，花芽开绽后便钻入芽内危害。展叶后集中在叶面危害，多在落花后出现大量卷叶。5 月下旬开始出现有翅蚜，迁飞到狗尾草上繁殖危害，6 月中旬后梨树上基本绝迹。9～10 月间又产生有翅蚜，回迁到梨树上，11 月上旬产生有性蚜并产卵越冬。天敌有草蛉、瓢虫、食蚜蝇、蚜茧蜂等。

（2）防治方法。

①早春及时摘除受害叶片，可有效地减轻危害。

②保护利用天敌。蚜虫天敌种类很多，当虫口密度较小，无需喷药时，天敌的作用明显。

③春季花芽萌动后、初孵若虫群集在梨芽上，或群集叶面而尚未卷叶时喷药防治，可以压低春季虫口基数并控制前期危害。常用药剂及浓度：10％吡虫啉可湿性粉剂 3 000 倍液，或 20％氰戊菊酯乳油 2 000～3 000 倍液，或 24％灭多威水剂 1 000～1 500 倍液，等药剂。

5. 梨圆蚧

（1）发生规律。梨圆蚧在山东一年发生 3 代，以 1～2 龄若虫及少数受精雌成虫在枝干上越冬，翌年树液流动时继续进行危害。梨圆蚧可以孤雌生殖，但大部分是雌雄交尾后胎生。初龄若虫即在嫩枝、果实或叶片上进行危害。5 月上中旬雄成虫羽化，6 月上中旬至 7 月上旬越冬代雌成虫产仔。当年的第一代雌成虫于 7 月下旬至 9 月上旬产仔，第二代于 9 月至 11 月产仔。初产若虫一般群集在 2～5 年生枝条阳面，将口器插入寄主组织后不再移动，然后分泌蜡质，形成白色蚧壳。

（2）防治方法。

①调运苗木、接穗要加强检疫，防止传播蔓延。

②在冬季修剪时，剪除虫口密度大的枝条集中烧毁，可以显著

压低翌年的虫口基数。

③药剂防治可以采用在萌芽前喷施 5 波美度石硫合剂或 200 倍洗衣粉、50 倍 95％蚧螨灵。越冬代和第一代成虫产仔期和 1 龄若虫扩散期是喷药防治的关键时期，可用 20％氰戊菊酯 3 000 倍液，或 25％噻嗪酮可湿性粉剂 1 500～2 000 倍液等。

6. 梨大食心虫

(1) 发生规律。梨大食心虫在山东一年发生 2 代，以 1～2 龄幼虫在花芽内结茧越冬。春季花芽膨大时越冬幼虫开始转害新花芽，4 月中旬进入转芽盛期。幼虫危害花芽时，一般不食害生长点，因而受害花芽多数仍能够开花。开花后幼虫在花丛基部进行危害，吐丝缠绕鳞片，使其不能脱落。梨果脱萼期幼虫开始蛀果，一般 1 头幼虫只危害 1 个果实，仅少数转果危害 2～3 个。幼虫在果实内危害 20 余天后，吐丝将被害果的果柄缠绕在果台枝上，使受害果不能脱落，然后在果内化蛹。越冬代成虫 6 月上旬开始羽化，6 月中旬为羽化盛期，成虫产卵多在萼洼、果台、梗洼、叶柄、果面粗糙处及顶芽。卵期 5～7 天，孵化幼虫后危害芽和幼果。第一代成虫 8 月上中旬羽化，直接把卵产在芽旁，幼虫孵化后直接蛀入芽内，短期危害后即在芽内越冬。

(2) 防治方法。

①可结合冬季修剪，剪除越冬虫芽；开花后摘除枯萎花序；敲打树枝，发现鳞片不脱落的花簇，即有幼虫在其中进行危害，可人工捕杀；在成虫羽化之前，随时摘除虫果，重点是摘除越冬代幼虫危害果。

②药剂防治的关键时期是越冬幼虫出蛰转芽和转果危害两个时期，其次是第一代、第二代卵孵化盛期。转芽盛期一般在梨的花芽开绽至花序伸出时，转果初期在华北地区正是梨果脱萼期，盛期在 5 月下旬。常用药剂及浓度：48％毒死蜱乳油 1 000～1 500 倍液，或 2.5％高效氯氟氰菊酯乳油 2 000 倍液等。

7. 梨茎蜂

(1) 发生规律。梨茎蜂俗称折梢虫，主要危害梨新梢，另外，还危害苹果、海棠、杜梨等。春季成虫先将嫩梢4～5片叶处锯伤，在断口下产卵，然后再切去伤口下的3～4片叶，仅留叶柄，受害梢端很快枯死，下方形成短橛，卵孵化后，幼虫在短橛内向下蛀食，使枝条干枯，幼树受害后影响树冠扩大和整形，成树受害严重时影响树势和产量。

一年发生1代，以幼虫在受害枝内越冬。梨树开花期成虫羽化，盛花后10天为产卵盛期，幼虫孵化后在枝条内向下蛀食，到6～7月蛀入二年生枝段后结茧越冬。梨茎蜂成虫有假死性，但无趋光性和趋化性。

（2）防治方法。

①结合冬季修剪，剪除受害虫梢。成虫产卵期从受害梢断口下1厘米处剪除有卵枝段，可基本消灭。生长季节发现枝梢枯橛时及时剪掉、并集中烧毁，杀灭幼虫；发生重的梨园，在成虫发生期，利用其假死性及早晚在叶背静伏的特性，震树使成虫落地而捕杀，或挂黄色粘虫板捕杀。

②喷药防治抓住花后成虫发生高峰期，在新梢长至5～6厘米时可喷施20%氰戊菊酯乳油3 000倍液，或10%吡虫啉可湿性粉剂2 000倍液等。

8. 梨网蝽

（1）发生规律。梨网蝽一年发生3～4代，以成虫潜伏在落叶下或树干翘皮裂缝中越冬。4月中旬开始活动，先在下部叶片危害，逐渐扩散到全树。由于出蛰期较长，以后各世代重叠发生。7～8月是全年危害最重的时期。10月中下旬成虫寻找适宜场所越冬。

（2）防治方法。

①诱杀成虫。9月成虫下树越冬前，在树干上绑草把，诱集成虫越冬，然后解下草把集中烧毁。

②清园翻耕。春季越冬成虫出蛰前，细致刮除老翘皮。清除果园杂草落叶，深翻树盘，可以消灭越冬成虫。

③喷药防治。在越冬成虫出蛰高峰期及第一代若虫孵化高峰

期，及时喷药防治。药剂可选用 40％毒死蜱乳油 1 500～2 000 倍液，或 20％氰戊菊酯乳油 2 000 倍液等。

9. 白星花金龟

（1）发生规律。在我国分布很广，辽宁、河北、山东、山西、河南、陕西等省份均有发生，主要危害梨、苹果、桃、葡萄、杏、樱桃等果实。当果实近成熟时，以成虫群集于果实伤处，食害果肉。成虫全身古铜色，体表散布众多不规则白绒斑。

一年发生 1 代，以幼虫在土中越冬，成虫 5 月上旬出现，发生盛期为 6～7 月，9 月为末期。成虫具假死性和趋化性，飞行力强。成虫寿命较长，交尾后产卵于土中，幼虫在土中生活。

（2）防治方法。

①利用成虫的假死性和趋化性，诱杀、捕杀成虫。

②在成虫出土羽化前，树下喷施药剂，处理土壤。

③成虫发生期树上喷药防治。药剂及浓度：4.5％高效氯氰菊酯乳油 2 000 倍液，或 90％敌百虫可溶粉剂 800 倍液等。

七、其他果树病虫害绿色防控

1. 枣锈病

（1）发病规律。真菌病害。在山东，个别年份6月上中旬即可发现病叶，一般年份在6月下旬至7月上旬，雨水多、湿度高时，病原菌开始侵染叶片，7月中下旬发病，8月下旬开始落叶。

该病的发生与气候、枣园管理有密切关系，雨季早、雨量多、气温高的年份和枣园郁闭时，发病早而严重。

（2）防治方法。

①加强栽培管理。枣园不宜栽植过密，注意适当疏剪枝条，保持良好的通风透光条件，并及时排除枣园积水。

②清除越冬菌源。晚秋和冬季彻底清扫落叶，深埋或烧毁，减少越冬菌源。

③药剂防治。在发病初期喷药防治，每10～15天1次。常用药剂及浓度：1∶2∶200倍波尔多液，或80％代森锰锌可湿性粉剂800倍液，或43％戊唑醇悬浮剂3 000倍液，或25％吡唑醚菌酯乳油2 000倍液，或10％苯醚甲环唑水分散粒剂3 000倍液等，一年防治用药2～3次。

2. 樱桃果蝇

（1）发生规律。危害成熟的果实，在果实近成熟期开始将卵产于果皮下。

（2）防治方法。

①集中销毁虫害果，焚烧或深埋。

②薄膜覆盖，防止成虫从土壤中爬出。采取黄板诱杀成虫。

③在果蝇成虫出现时常用信息素诱捕器，诱饵是一些气味引诱剂和性引诱剂等。据报道，用氨（碳酸铵、乙酸铵）、水解酵母或水解蛋白、糖和香蕉挥发物等气味引诱剂以及GF-120等性引诱

剂作诱饵，在防治樱桃果蝇上应用较为广泛。

④应用杀虫剂的最佳时期是收获后的第一周。常用药剂及浓度：1.8%阿维菌素乳油 2 000 倍液，或 1%甲氨基阿维菌素苯甲酸盐乳油 1 500 倍液，或 2.5%高效氯氟氰菊酯乳油 2 000 倍液等。

3. 核桃炭疽病

（1）发病规律。病原菌在病枝、僵果上越冬。翌年春季形成分生孢子，借风雨或昆虫传播，侵害幼果和新梢，产生新生的孢子，引起再次侵染。

（2）防治方法。

①清除病枝、落叶，集中烧毁，减少初次侵染源。

②加强栽培管理，合理施肥，保持树体健壮生长。提高树体抗病能力，改善园内通风透光条件，有利于控制病害。

③化学防治。发芽前喷 3～5 波美度石硫合剂，开花后喷 1：1：200 倍波尔多液，或 50%多菌灵可湿性粉剂 600 倍液，或 70%甲基硫菌灵可湿性粉剂 800 倍液，或 43%戊唑醇悬浮剂 3 000 倍液，或 25%咪鲜胺乳油 600 倍液等，每隔 15 天或 20 天左右喷1次。

4. 核桃举肢蛾

（1）发生规律。山东一年发生 1 代，以老幼虫在近树干地面土中或树皮下越冬，翌年 6 月下旬至 7 月上旬成虫羽化产卵。卵 5～7 天孵化后幼虫蛀入果内进行危害，58 天左右脱果越冬。

（2）防治方法。

①深翻树盘，清除受害果，悬挂性诱剂诱杀。

②药剂防治。5 月地下喷药防治，6～7 月树上喷药。常用药剂及浓度：35%氯虫苯甲酰胺水分散粒剂 8 000 倍液，或 1%甲氨基阿维菌素苯甲酸盐乳油 1 500 倍液，或 40%毒死蜱乳油 1 000～1 500倍液，或 2.5%高效氯氟氰菊酯乳油 2 000 倍液等，在成虫期连续喷施 2 遍。

5. 板栗红蜘蛛

（1）发生规律。一年发生 7～9 代，以卵在 1 至四年生枝条及粗皮缝隙和树分枝处越冬。越冬卵孵化期比较集中，一般在栗芽萌发至叶伸展期。5月初，有80％～90％的卵集中在10天左右孵化，幼螨孵化后集中到幼嫩组织上进行取食危害；栗树展叶后则集中到展平的叶片正面群集发生危害。干旱年份危害比较严重，6～7月危害最重。

（2）防治方法。

①保护利用天敌，喷药避开天敌盛发期。

②在越冬卵孵化盛期和末期、若虫发生期（5月中旬至7月上旬），喷药防治。常用药剂及浓度：24％螺螨酯悬浮剂5 000倍液，或15％哒螨灵乳油1 500倍液，或25％三唑锡可湿性粉剂1 500倍液等，喷药要全面周到。

6. 杏疔病

（1）发病规律。真菌病害。病原菌以子囊壳在病叶中越冬，翌年春季从子囊壳中产生子囊孢子，借风雨传播，条件适宜时侵入幼芽，病原菌随新叶生长在组织内蔓延。子囊孢子一年只侵染1次。一般5月开始发病，到10月病叶变黑。

（2）防治方法。

①清洁果园。秋冬季节清除地面病叶、病果，杏树发芽前至发病初期将刚发病的叶丛和病梢剪除，集中烧毁深埋。

②药剂防治。杏树发芽前喷3～5波美度的石硫合剂1次，以消灭树上的病原菌。在杏树展叶时喷药防治，隔10～15天1次，连喷2～3次，常用药剂及浓度：1：1.5：200倍波尔多液，或14％络氨铜水剂300倍液，或30％碱式硫酸铜悬浮剂400～500倍液等。

7. 杏褐腐病

（1）发病规律。真菌病害。杏褐腐病有2种症状。第一种在近成熟时危害果实，初形成暗褐色、稍凹陷的圆形斑，后迅速扩大，变软腐烂，上面生有黄褐色绒状颗粒，轮生或不规则，受害果早期脱落，少数挂在树上形成僵果。第二种危害果实、花及叶片，果实染病，生出灰色绒状颗粒，有时引起花腐；叶片染病，形成大型暗绿色水渍状病斑，多雨时导致叶腐。

病原菌在僵果中越冬，翌年产生分生孢子，借风雨传播，经伤口、皮孔侵入果实，在果实近成熟时发病，多雨高湿的条件易发病。

（2）防治方法。

①清洁果园，减少菌源。秋冬季节清除树上、树下的病果和僵果，集中深埋或烧毁，减少菌源。

②防止果实产生伤口。及时防治果实害虫，减少虫伤，防止病原菌从伤口侵入。

③药剂防治。杏树发芽以前，喷洒5波美度石硫合剂，在落花以后，喷洒65％的代森锌可湿性粉剂400～500倍液，果实近成熟时喷洒70％甲基硫菌灵可湿性粉剂600～800倍液，或50％硫黄·甲硫灵悬浮剂800倍液等。

8. 枣疯病

（1）发病规律。植原体病害。枣疯病又称公枣树、疯枣树，一般在枣树开花后出现明显症状，树上部分花梗延长、花变叶和主芽的不正常萌发，形成枝叶丛生。地下部分不定芽发育成丛枝，同一条侧根上可生出多丛，出土后枝叶细小，黄绿色，生长到30厘米左右即枯死，最后根部腐烂，韧皮部易剥落。

枣疯病除通过嫁接传病，还可通过中国拟菱纹叶蝉、凹缘菱纹叶蝉和红闪小叶蝉传播。土壤干旱瘠薄、管理粗放、树势衰弱的枣树发病多，盐碱地区枣疯病发生少。嫁接苗3～4年后发病重，根蘖苗进入结果后发病重。

（2）防治方法。

①脱毒技术。采用茎尖培养脱毒技术脱毒，生产上应用无毒苗。

②苗木处理。栽植前或嫁接前用0.1％盐酸四环素液浸泡苗木或接穗半小时，减少枣疯病。

③加强栽培管理。增施有机肥、碱性肥，合理使用磷钾肥，增强树体抗病能力。

④刨除病株，禁用病株根蘖苗。发现枣疯病株要及早彻底刨除，以防继续传病蔓延。刨除病株时，应将大根一起刨净，以免再发生带病根蘖。

⑤选用抗病品种或酸枣品种和具有枣仁的大枣品种作砧木和接穗。利用野生酸枣嫁接大枣时，应严格挑选无病酸枣砧木，并从无病区大枣母株上采集接穗。

⑥接穗消毒。对带病接穗，用 1 000 毫克/千克盐酸四环素浸泡半小时。

⑦药物治疗。用木钻在病枝同侧树干近地面 15 厘米处钻 2～3 个洞，深达木质部，注射 500～1 000 毫克/千克土霉素 50～500 毫升，或 1 000 毫克/千克盐酸四环素 1 000 毫升，再用木楔钉紧，用泥封严，对枣疯病树有较好防效。

9. 山楂花腐病

（1）发病规律。真菌病害。病原菌以菌核在病僵果中越冬。翌年 5 月上中旬地表潮湿处的病僵果产生子囊盘、子囊和子囊孢子，子囊孢子萌发后侵染山楂幼叶，形成叶腐，潜育期 3～5 天。叶腐发生后产生分生孢子，在山楂开花期，分生孢子由柱头侵入，形成果腐，潜育期 13～15 天。

山楂花腐病的流行与降雨有关，春季多雨年份发病重；当年春季气温高，叶腐和果腐发生早，气温低，叶腐和果腐发生晚。

（2）防治方法。

①果园深耕。在早春 4 月中下旬，子囊盘产生之前，果园深翻，深度在 15 厘米以上，把地面病果深埋地下，减少初次侵染菌源。如果春翻有困难，可于 4 月下旬，在果园地面喷撒石灰粉，每亩 25 千克，对杀灭越冬病果上产生的子囊盘有良好效果。

②药剂防治。在山楂发芽前喷施 3～5 波美度石硫合剂；生长季节自山楂展叶时开始喷药防治，间隔 15～20 天喷 1 次，常用药剂及浓度：0.4 波美度石硫合剂，或 75％甲基硫菌灵可湿性粉剂 800 倍液，或 50％硫黄·甲硫灵悬浮剂 900 倍液等。

③注意防治蛀果害虫，减少伤口。

10. 山楂白粉病

（1）发病规律。真菌病害。病原菌以闭囊壳在病叶、病枝、病果上越冬。翌春闭囊壳遇雨后放射子囊孢子，先对野山楂和根蘖苗进行初侵染，然后产生分生孢子，借气流传播，进行再侵染。4月下旬至5月下旬为病害流行期，进入6月以后发展缓慢，到10月下旬发病停止。

山楂白粉病的发生，受寄主新梢生长和温度的影响较大。在山楂新梢迅速生长期，温度在11～21℃时有利于白粉病病原菌对嫩叶、嫩枝、花和幼果的侵染危害，超过23℃不利于白粉病的发展。

（2）防治方法。

①加强栽培管理。科学施肥，适当增施磷钾肥，不偏施氮肥；不使果园过分干旱；合理疏花疏果。

②清洁果园。在秋冬季节，彻底清除树上树下落叶、落果，深埋或烧毁，减少初侵染来源。

③药剂防治。山楂发芽前喷洒5波美度石硫合剂，或70%硫黄可湿性粉剂150倍液；春季于发病初期，喷施70%甲基硫菌灵800倍液，或10%苯醚甲环唑水分散粒剂3 000倍液。

11. 橘小实蝇

（1）发生规律。橘小实蝇又名柑橘小实蝇，属双翅目，实蝇科。该虫可危害桃、蒲桃、阳桃、柑橘、香蕉、芒果、番石榴、番荔枝、枇杷、梨、枣等200余种果实，是一种外来入侵害虫，我国把该虫列为重要的检疫性有害生物。目前，主要在我国南部发生，北部发现的橘小实蝇多是由果实运输携带而来，长江以北不能越冬。

该虫在华南地区一年发生3～5代，无明显的越冬现象，田间世代发生重叠。雌性和雄性成虫在羽化6～10天后进行交配。雌性橘小实蝇交配一次就能够产卵超过2 000粒。雌性成虫一生可以交配1～3次，成虫可以存活数周。雌性成虫在其腹部尖端具有一伸缩自如的针状产卵器（产卵管），产卵器在果实表皮钻3毫米左右深度的坑，然后产3～12粒卵在里面。幼虫孵出后能够在果实内生长发育。初龄幼虫倾向于在果实中心取食。幼虫在不同水果中能够生存 6～20 天或更长时间。幼虫生长到一定的阶段会脱离果实钻入土壤在树下化蛹。蛹在土壤中 8～15 天，依靠温度，成虫就会破茧而出，寻找栖息场所、食物和水。

（2）生活习性。

①8～10 月最活跃。

②每天的黎明，一天中最早的几个小时以及下午晚些时候最活跃。

③以寄主果实为生。

④在树荫处休息（果树、观赏植物、灌木丛等）。

⑤黄昏时交配。

⑥雌虫成虫交配后 1～2 天开始产卵，在树上健康成熟的果实上产卵，有时也在落果上产卵。

（3）防治方法。

①加强检疫。严防幼虫随果实或蛹随园土向外传播。一旦发现疫情，可用溴甲烷熏蒸。

②隔离。通过物理屏障以阻止橘小实蝇发生危害是对果实和蔬菜的一种保护性措施。种植户所用的典型屏障一般为网、袋、套。

③诱捕。诱捕主要用于监测橘小实蝇的活动。诱捕器使用一种引诱剂吸引成虫进入一个容器内，可以用来帮助减少橘小实蝇的数量。诱捕器一般不被推荐作为一个长期的防治措施，因为诱捕器只能捕捉部分橘小实蝇，其他的橘小实蝇仍然会继续危害农作物。

④诱杀成虫。在一些情况下可以使用"诱捕—杀死"技术去防治雄性橘小实蝇。甲基丁香酚引诱剂：将浸泡过甲基丁香酚（即诱虫醚）加 3％马拉硫磷或二溴磷溶液的蔗渣纤维板小方块悬挂树上，每平方千米 50 片，在成虫发生期每月悬挂 2 次，可将橘小实蝇雄虫基本消灭。

⑤毒饵。毒饵是用于减少果园中橘小实蝇数量的一种防控措施。水解蛋白毒饵：取酵母蛋白 1 000 克、25％马拉硫磷可湿性粉剂 3 000 克，兑水 700 千克。饵料一般喷洒在树木或植株的叶片和

枝干上面。雄性和雌性橘小实蝇在叶片上觅食时或枝干附近栖息时，都能被饵料吸引，取食喷雾液滴后中毒。在果园中监测到橘小实蝇以后，开始进行毒饵喷雾，然后每 7～10 天喷洒 1 次直到收获。

⑥常规化学喷雾防治。树冠喷雾是触杀橘小实蝇成虫和杀死果实内的卵和幼虫的一种防治方法。进行树冠喷雾的药剂包括触杀性杀虫剂和内吸性杀虫剂。不同时期可喷洒 40％辛硫磷乳油 800～1 000 倍液，或 90％敌百虫可溶粉剂 500 倍液加 3％的糖醋液。

⑦清洁果园。对发生橘小食蝇的场地进行清理，特别是水果和蔬菜混种的果园。

A. 清理落果。落果初期每周清除 1 次，落果盛期至末期每天 1 次，然后将落果集中倒入水池中浸 1 周以上，或深埋土中并在上面盖土半米以上且将土压实。

B. 地面处理。于实蝇幼虫入土化蛹或成虫羽化的始盛期用 50％马拉硫磷乳油，或 50％二嗪农乳油 1 000 倍液喷洒果园地面，每隔 7 天左右 1 次，连续 2～3 次。

附录一 苹果病虫害绿色防控
技术规程

（一）苹果病虫害防控原则

1. 总体原则

在苹果病虫害的管理中，既要有效控制病虫害危害，保证果品安全高效、可持续生产，又要降低防控成本，减少化学农药的用量，就需在科学的栽培管理基础上，综合运用各种技术措施，压低果园内有害生物的种群数量，当果园内病虫害基数过大或有严重危害趋势时，按照病虫害的防控需要，选择适宜的防控药剂，适时、精准用药。综合运用生态、抗性品种、栽培、物理、生物等防控技术措施，压低病源和虫源基数，创造不利于有害生物生长和繁殖的果园生态环境，抑制病虫种群数量及其增长速度，这是病虫害防控的基础措施。在病虫种群数量、果园生态环境、果树生长发育状况等因子实时监测的基础上，预测病虫害的发生发展趋势及其所造成的危害；当病虫害基数过大、环境条件特别适宜于病虫害发展，或寄主处于敏感期、预测有严重危害的趋势，可能会造成危害时，使用生物农药、矿物农药或化学农药，压低病源和虫源基数、保护寄主植物，有效控制病虫害的发展和危害。选择适宜的防治产品是指针对主要防控对象，选用防控效果好、持效期长、能同时防治多种病虫的农药。首先考虑植物源、生物源和矿物源农药，其次考虑使用剂量小、高效、低毒、低残留的化学农药。适时是依据病虫害发生规律和病虫害发生的监测、预测信息，在病虫害防控的关键时期，以适宜的用药方式，以获得最佳的防治效果。精准施药是通过改进施药器械和施药技术，将防治药剂传送到病虫害所在的靶标部位，减少农药的飘移、流失和浪费。

2. 病害防控

病害防控是以清除园内的侵染菌源、培养树体抗病性和改善果园生态环境为基础，减少果园内的侵染菌源量，创造有利于果树生长和不利于病害发生的环境条件。树体休眠季节以铲除越冬菌源和保护枝干为主；生长季节应及时关注气象预报，监测降雨量、降雨持续时间、果园内的菌源等，在持续降雨期到来之前或降雨前，喷施保护性杀菌剂，以保护叶片、果实和枝干在降雨期间不受病原菌侵染；降雨期间或降雨过后，当预测到有大量病原菌侵染时，及时采取补救措施，铲除已侵染的病原菌。杀菌剂提倡在雨前使用，主要用于保护寄主，防止病原菌在降雨过程中侵染。

3. 虫害防控

虫害防控是在改善果园生态环境和清除越冬虫源的基础上，综合运用各种技术措施，如性迷向、诱杀、利用天敌等技术措施控制害虫的种群密度。在此基础上，加强监测，根据果园内的虫口密度和防控指标，当害虫有严重危害趋势时，在防控关键时期采用化学防控，控制害虫危害。各种害虫的卵孵化高峰期是防治该种害虫的最佳时期。苹果生长前期，以压低虫口基数为主；生长中后期，以控制虫口密度的快速增长和危害为主。蛀果、蛀干和蛀叶害虫，应在害虫蛀入寄主组织之前采取措施。杀虫剂提倡在雨后使用，以获得更长的持效期。

4. 用药策略

以机械化施药为主的果园，因施药及时、高效、成本相对较低，可依据病虫害监测和预测结果，每次针对1~2个防控对象，选择单一的农药品种，"按需、及时"用药。然而，以人工施药为主的果园，因施药效率低，用药成本相对较高，病虫害防控可以"防治历"为基础，每次用药同时兼治该期发生的多种病虫，以减少用药次数。

5. 防治药剂

每种药剂在一个生长季节的使用次数都不能超过3次，提倡不同药剂交替使用。在苹果生长前期建议选用专化性较强的杀虫剂和生防制剂，不建议使用有机磷、拟除虫菊酯类等广谱性杀虫剂，最大可能地保护和利用天敌的控制作用。多雨季节在降雨前需喷施黏附性强、耐雨水冲刷、持效期长的杀菌剂。雨前没有喷药，或喷药后遇连续阴雨，雨后及时补喷施高效的内吸治疗剂。幼嫩果实对各种药剂敏感，用药不当常形成果锈、粗皮、黑点等药害，影响果实外观质量。因此，幼果期尽量使用刺激性小、温和、使用倍数高的高效药剂。休眠季节建议喷施杀伤力强、作用谱广，而且黏附性好、耐雨水冲刷、持效期长的铲除剂，以控制生长季节难以控制的病虫害，如枝干病害、蚧类、绵蚜等，不建议使用化学合成的杀菌剂和杀虫剂。

（二）树体休眠期病虫害防控

休眠期是指苹果树自 11 月中下旬落叶至翌年 3 月树体萌芽前的时期。树体休眠期病虫害管理：一是清除枝干、果园地面和周边环境越冬的各种病原菌和虫源，减少生长季节防控压力；二是保护枝干不受腐烂病病原菌和轮纹病病原菌的侵害。春季清园是全年病虫害管理的基础，直接影响果园内的病虫害基数。

春季清园需彻底清除园内病虫害载体，包括：刨除病树、弱树、枯桩、死桩；锯除死枝、病树，包括花脸或锈果病的病树、弱树、死枝、弱枝；剪除死枝、枯枝、病枝、弱枝、腐烂病枝、干腐病枝、轮纹病枝、天牛和蠹蛾危害枝、苹果绵蚜危害枝、带有死芽和病芽的枝条；刮除枝干上的病斑、病皮、病瘤、死皮、翘皮、绵蚜危害瘤状突起；清除果园内及周边的落叶、修剪下来的枝条、病残体、僵果、落果等，腐熟后可作为有机质再施于果园内；解除树干捆绑的诱虫草把或诱虫板，并及时处理。

枝干轮纹病发病严重的果园，轻轻地刮除主干和主枝上的带菌的病斑、粗皮、病皮、死皮等，荡除病瘤，并涂病斑治疗剂。理想的病斑治疗剂应能在枝干上形成一层透气、透水、且耐雨水冲刷的物理保护膜层，膜内含有少量抑制病原菌生长的杀菌剂，病斑治疗剂对枝干的保护期应维持 1 年以上。枝干上发生腐烂病后，应自病斑以下5～10厘米处，直接剪除带病枝干，并涂剪锯口保护剂，尤其幼树园，需彻底清除腐烂病斑，以绝后患。对树体或产量影响较大的病斑，再考虑刮治等治疗措施。

对进入结果期的果园，清园后于3月中下旬全园喷施1遍铲除剂。对于红蜘蛛、蚧类、绵蚜等害虫发生严重的果园，建议喷施新熬制的3～5波美度石硫合剂。对于轮纹病、腐烂病等枝干病害严重的果园，或前一个年度雨水过多的年份，建议喷施100倍波尔多液。石硫合剂和波尔多液可隔年交替使用。春季清园不建议喷施有机杀菌剂。

（三）花期和幼果期病虫害防控

花期和幼果期一般是4月至6月。这一时期是苹果产量形成的关键时期，叶片和果实幼嫩，对各种病虫害敏感，管理不当常会造成严重损失。花期和幼果期需重点防控的害虫有红蜘蛛、蚜虫、绿盲蝽；重点监测的害虫有苹小卷叶蛾、棉铃虫、蛀干天牛、木蠹蛾、金纹细蛾等。重点控制的病害为套袋果实斑点病、霉心病、白粉病、锈病、斑点落叶病；需注意防控或兼治的病害有轮纹病、腐烂病、花腐病、褐斑病等。

苹果开花前以防控害虫为主。蚜虫和红蜘蛛是每年必防的害虫，用药最佳时期为绣线菊蚜（苹果黄蚜）和榆全爪螨（苹果红蜘蛛）的孵化高峰期。一般年份于花序分离期前后喷药。当园内有大量白粉病梢或预报花期有雨，对历年白粉病、锈病或花腐病严重的果园，应于花前喷药预防或防控3种病害。

花期重点防控霉心病。霉心病病原菌主要于花期定殖于花柱上，生长季节由开放的萼筒进入果心。花器败落后，腐生菌能定殖于残花上，适宜条件下诱发套袋果实黑点病。对花期遇雨、花期受冻或霉心病发病重的品种，应在中心花授粉后单独喷施杀菌剂，或随化学疏花疏果喷施杀菌剂，防止病原菌在花器上定殖。杀菌剂应选对链格孢和粉红单端孢有较好防治效果的药剂。花腐病严重的果园应根据病情监测情况，及时喷药防控。盛花期，可喷施对山楂叶螨越冬成螨和榆全爪螨若螨防治效果好、且对授粉蜂无毒的杀螨剂，一次用药可同时控制两种害螨。

花后重点防控山楂叶螨和绿盲蝽。防控山楂叶螨的用药最佳时期为卵孵化高峰期，一般年份在富士苹果落花后的 7～10 天用药。绿盲蝽的越冬卵于花期前后，遇雨后大量孵化，雨后 2～5 天是喷药防治绿盲蝽的最佳时期。一般果园可于花前、花后喷药防控绿盲蝽。

花期遇雨，考虑喷施杀菌剂铲除在残花和幼果表面定殖的弱寄生菌。自苹果萌芽，各种蛀干天牛和木囊蛾开始活动，花期前后有新鲜粪便排出，非常适合于人工捕杀。

苹果落花后的 3～4 周内是苹果新梢的旺长期，新梢旺长期重点防控白粉病、锈病和斑点落叶病。苹果落花后，若白粉病发病严重，且天气干旱有严重危害趋势，应及时喷施杀菌剂控制白粉病发展。对于历年锈病发病严重果园，苹果新梢旺长期应密切关注气象预报，在预报降雨前的 2～3 天喷药保护叶片；若遇雨量大于 10 毫米、阴雨持续时间超过 12 小时的降雨，雨前 7 天内若没有喷施杀菌剂，应在雨后的 7 天内喷施三唑类杀菌剂。对于斑点落叶病易感病的品种，新梢速长期若气象预报有雨，应在雨前的 1～2 天喷施杀菌剂保护叶片。5 月，若遇雨量超过 20 毫米、持续时间长于 3 天的阴雨，应注意向地面和树体下部果实喷施杀菌剂，防治疫腐病。

幼果生长期密切关注棉铃虫、苹小卷叶蛾等危害幼果的害虫，在虫口密度大、对果实形成危害前，及时喷药防控。

小满节气过后，随着气温快速回升，蚜虫和螨类进入繁殖高峰期，种群数量迅速增长，两类害虫的繁殖高峰期也是防控的关键时期，一般年份在 5 月下旬或 6 月上旬都要喷药防治螨类和蚜虫。5 月中下旬是朝鲜球坚蚧和日本球坚蚧的卵孵化高峰期，是防治两种害虫的关键时期，两种蚧类发生严重的果园，注意喷药防治。5 月下旬或 6 月上旬，是第二代金纹细蛾卵孵化高峰期，也是防控金纹细蛾的最佳时期，当虫口密度较大时，可考虑喷施灭幼脲防控金纹细蛾。枝干轮纹病发病特别严重的果园，5月中下旬在气象预报的降雨前喷施杀菌剂保护果实，防止轮纹病病原菌侵染尚未套袋的果实。

苹果套袋前用药以杀菌剂为主，主要目的是降低果面和残花上的带菌率，保护果实在套袋后的数周内不受病虫的危害。套袋前重点针对粉红单端孢选择防控药剂。如果5月中下旬降雨特别多，套袋前的用药应兼治果实轮纹病和叶部的褐斑病。

自苹果开花期可开启诱虫灯，诱杀各种害虫。5月中下旬，蚜虫进入迁飞高峰前，可在果园内挂黄板，诱杀各种蚜虫。

（四）雨季病虫害防控

山东苹果产区自6月中下旬进入雨季至8月底结束，是叶部病害和枝干病害的高发季节，防治不当会导致树体早期大量落叶和病原菌的大量侵染枝干。雨季防控褐斑病、炭疽叶枯病、腐烂病、轮纹病、果实炭疽病、金纹细蛾、康氏粉蚧、食叶害虫等；同时密切监测各种叶螨、梨小食心虫、卷叶蛾、各种天牛、木囊蛾、根部病害的发生动态。雨季病害防治以雨前喷药保护为主，保护剂要求黏附性强、耐雨水冲刷、持效期长；年降雨量超600毫米的地区，建议每个雨季前喷施1次倍量式波尔多液［硫酸铜：生石灰：水＝1：2：（200～240）］；雨前若没有及时喷药，阴雨期间或阴雨过后应立即喷施高效内吸性杀菌剂补救。

进入雨季后，注意疏除旺长枝，雨后及时排涝，保持通风透光、降低园内的相对湿度。适时补施磷钾肥和中微量元素，保护健旺树势。每次喷药前，剪除园内枯死枝条、病虫危害枝；刮除所有腐烂病斑和较大的干腐病斑；摘除病叶和病果。6月中下旬和7月中下旬雨季来临前，各喷施1次耐雨冲刷、持效期较长的保护性杀菌剂。

8月上中旬是褐斑病和炭疽叶枯病的盛发期，雨前应及时喷施高效的内吸性杀菌剂，以控制病害的发展。若6月中下旬雨水多，7月上中旬应增喷施1次高效的内吸治疗剂。8月下旬或9月雨水较多的年份或地区，应在雨前再增喷 1 次高效的内吸性杀菌剂。对炭疽叶枯病敏感的早中熟品种，在果实解袋后至采收前，密切关注气象预报，在预报降雨前的 2～3 天及时喷药保护果实；果实采收后，全园喷施 1 次持效期较长的保护性杀菌剂。雨季喷药，应使整个树体均匀着药，保证叶片、果实和枝干在雨季不受病原菌侵染。三唑类杀菌剂对褐斑病有较好的内吸治疗效果和防治效果，吡唑醚菌酯是目前防治炭疽叶枯病最有效的防治药剂。多雨地区和多雨年份，波尔多液是雨前使用的最好保护剂。

6 月下旬至 7 月上旬是第三代金纹细蛾卵孵化期，同时也是黄刺蛾、青刺蛾等食叶害虫的卵孵化期，当其虫口密度较大时，可在卵孵化高峰期喷施灭幼脲防治。6～7 月是各种叶螨的危害高峰期，当天气干旱，叶螨有严重危害趋势时，可考虑喷施杀螨剂。康氏粉蚧可钻入苹果袋内进行危害果实，危害较大。6 月第一代康氏粉蚧虫口密度较大的果园，应于 6 月下旬第二代康氏粉蚧卵孵化盛期，喷施螺虫乙酯等杀灭初孵若虫。8～9 月是梨小食心虫的发生高峰期，当梨小食心虫的虫口密度特别大时也危害苹果，自 7 月中下旬应密切关注梨小食心虫的成虫的诱捕量和卵的数量，当果袋上卵量特别大时，注意喷药防治。6～7 月也是各种天牛成虫羽化和产卵期，天牛危害严重的果园，或离桑园或林地较近的果园，需要人工捕杀天牛成虫。

8 月是金纹细蛾危害高峰，当 7 月苹果叶片上的虫斑较多时，如百叶虫斑超过 10 个，7 月下旬第四代金纹细蛾的卵孵化高峰期，需再次喷药防治。秋梢生长期，绣线菊蚜和各种卷叶蛾虫口密度较大，当其有严重危害趋势时，注意防治。8 月上旬前后是第二代美国白蛾的危害期，注意人工摘除美国白蛾危害的网幕。

（五）生长后期病虫害防控

自 9 月初雨季结束至 11 月中下旬苹果落叶，苹果进入成熟期和树体营养的回补期。苹果生长后期，病虫重点防控套袋果实的斑点病、梨小食心虫、苹果绵蚜和其他危害果实的病虫，保证近成熟期果实不再受病虫的危害。9 月晚熟的富士苹果仍生长膨大，肥水管理不当常形成大量自然裂纹，导致在果实表面腐生的大量病原菌从自然裂口侵入营养丰富的果肉组织，形成各种坏死斑。果实生长后期主要通过水肥管理，控制果实生长，避免形成自然裂口，降低果实斑点病的发生率，尤其是前期干旱后期多雨年份。9 月中下旬，随气温下降，苹果绵蚜的种群数量再度回升，形成全年的第二个发生高峰期。当绵蚜种群数量过大，能形成严重危害时，需在苹果解袋前喷药防治苹果绵蚜。9 月是梨小食心虫的危害高峰期，应注意监测和防治。9 月中旬前后是第三代美国白蛾的危害盛期，应注意剪除网幕。为了避免解袋后，苹果小卷叶蛾和非苹果专化性的病虫危害裸露的果实，对于病虫害基数高的果园，解袋前的 2～3 天，全园喷施 1 遍广谱性的杀虫剂和杀菌剂。

果实采收后进入树体营养进入回补期，通过各种管理措施，保证叶片的正常生理功能和叶片按时脱落，使叶部营养充分回补树体，保持健壮树势，防止冻害，降低腐烂病等病害的发病率。落叶前期，向叶片喷施锌肥、硼肥，增加树体内锌和硼元素的积累量，降低翌年春季因缺锌、缺硼导致的各种生理病害。

（六）免套袋果园的病虫害管理

对于免套袋栽培果园，除按常规措施防治病虫害外，重点防治果实轮纹病、炭疽病、桃小食心虫和梨小食心虫等 4 种病虫害。免套袋栽培，首先应选择没有枝干轮纹病，或枝干轮纹病发病轻的果园，且对炭疽病具有一定抗性的品种，并保证没有外来的轮纹病病原菌和炭疽病病原菌。若要在枝干轮纹病较重的果实内实施免套袋栽培，首先要铲除枝干上的轮纹病病原菌和炭疽病病原菌。即春季随清园刮除枝干上的轮纹病瘤、马鞍状病斑和粗皮，整树涂布枝干保护剂，防止轮纹病病原菌和炭疽病病原菌在雨季释放孢子侵染果实。雨季注意喷药保护果实，保证每次出现大的降雨时，果实上都有杀菌剂保护。

免套袋栽培果园，自 5 月上旬，通过人工埋茧法或盖瓦片诱捕法，监测桃小食心虫的出蛰时间，当桃小食心虫进入出蛰盛期后，地面喷施杀虫剂，或斯氏线虫制剂，防治出蛰幼虫。5月上旬在果园内设置3～5个诱捕器，相距30米以上，用性诱芯诱捕桃小食心虫，每3～5天检查1次，接近发蛾高峰期时每天检查1次。桃小食心虫诱蛾高峰出现后的第5～7天，向果面喷施持效期长的杀虫剂。当药剂的持效期快结束时，继续诱捕桃小食心虫的成虫，当每个诱捕器日诱蛾量超过3头时，继续监测诱蛾高峰，在诱蛾高峰后的5～7天内喷施长效的杀虫剂防治初孵幼虫。8～9月按类似的方法监测和防治梨小食心虫。

（七）幼树期病虫害控制

幼树期是指从苗木栽植到形成产量的3～5年时间。幼树期除按常规的管理防治病虫害外，还应重点防治腐烂病、轮纹病、根部病害和蛀干害虫，保证幼树的健康生长。

选择健壮无病的苹果苗木是幼树期病虫害管理的关键。不要购置带有轮纹病瘤、腐烂病斑和根癌病瘤的苗木；不建议从老果园附近的苗圃购置苗木，更不能购置在老果园内培育的苹果苗木。对于可能带菌的苗木，栽植前的2～3天，应剪除嫁接口上方的枯死桩，涂布剪锯口保护剂，用浓度稍高的杀菌剂，喷淋整株苗木，直到根部有药液流下为止，然后用塑料膜包严，保湿24～48小时，使药液渗入更深层的组织，以铲除苗木表层组织内潜伏的各种病原菌。药液中也可混加杀虫剂，以杀灭绵蚜等害虫。幼树栽植后，整树套网袋，防治害虫蛀食刚萌发的嫩芽。5月新植幼树全部萌芽后，摘除网袋，1周后用涂干剂涂布整个枝干。涂干时应避开幼芽，防止产生药害。

对于二至四年生的幼树，于3月中下旬清园后，树体萌芽之前，用涂干剂涂布整个枝干。理想的涂干剂应能在枝干上形成一层透气、透水、且耐雨水冲刷的物理保护膜层，膜内含有少量杀菌剂，膜层保护作用维持一个生长季节。苹果幼树刻芽或环剥后，伤口涂布稍高浓度的杀菌剂，以防治腐烂病病原菌和轮纹病病原菌自受伤部位扩展致病或从伤口侵染。

白绢病是导致幼树死亡的重要根部病害，病原菌主要侵染根颈部。对于白绢病带菌量大或受害严重的果园，培高根围 10～20 厘米土壤，防止根围积水，且在根颈周围表土撒施草木灰或生石灰粉，创造一个不利于病原菌生长的微生态环境。当出现死树时，对受病原菌威胁的树体，应用杀菌剂灌根。白绢病发病严重的苗圃，可于浇水后或大雨过后，向地面撒施生石灰粉，或喷施杀菌剂。

（八）苹果园周年病虫害绿色防控技术规程

1. 休眠期（11 月至翌年 2 月）病虫防治

（1）病虫发生特点。进入 11 月以后苹果树逐渐进入休眠期，病原菌和害虫进入越冬状态，便于集中防治。防治重点是苹果树腐烂病、苹果枝干轮纹病、金纹细蛾、蚜虫、叶螨等病虫。

（2）防治方法。

①清洁果园。结合冬剪，剪除病虫枝条，刮除树上粗皮、翘皮，彻底清除落叶、病（僵）果和杂草，一并烧毁，并结合树干涂白，消灭越冬病虫。

②防治苹果树腐烂病、苹果枝干轮纹病。应在初冬或早春刮除病斑、病瘤，随后抹药消毒，药剂可选用：4％嘧啶核苷类抗菌素水剂，或 5％菌毒清水剂 30～50 倍液；腐必清乳剂 2～3 倍液。如病害较重，再用 3～5 波美度（发芽前）或 0.3～0.5 波美度（发芽后）石硫合剂，或 4％嘧啶核苷类抗菌素水剂 200 倍液，或 5％菌毒清水剂 100 倍液加腐必清乳剂 100 倍液，全树喷 1 次药。

③防治蚜虫、叶螨、介壳虫等害虫。可在早春花芽萌动前，进行喷药，药剂可选用：3～5 波美度石硫合剂，或机油乳剂 150 倍液，或 50％硫黄悬浮剂 200 倍液，并可兼治苹果树腐烂病、苹果白粉病等。

2. 花期前后（3～4 月）病虫防治

（1）病虫发生特点。气温逐渐回升，病原菌、害虫开始活动，此时防治对压低全年病虫基数有显著作用。防治重点是苹果树腐烂病、苹果枝干轮纹病、苹果霉心病、苹果炭疽病、蚜虫、叶螨、金龟甲、金纹细蛾等病虫。

（2）防治方法。

①防治苹果树腐烂病、苹果枝干轮纹病。继续刮治病斑、病瘤，方法同前。

②防治苹果斑点落叶病、白粉病、霉心病。发芽前全树喷 1 次 3～5 波美度石硫合剂，或 50％硫黄悬浮剂 200 倍液。苹果花期是病原菌侵入的重要时期，亦是防治的关键期，可采用对苹果花期无影响的 3％中生菌素可湿性粉剂进行防治，在盛花期用 1 000 倍液，盛花末期用 800 倍液，效果较好。另外，亦可在开花前后各喷 1 次 3％中生菌素可湿性粉剂 800～1 000 倍液，或 10％多抗霉素可湿性粉剂 1 000～1 500 倍液。

③防治害虫。害虫防治措施如下。

A. 4 月下旬安装杀虫灯。

B. 如蚜虫、叶螨、金纹细蛾、棉褐带卷蛾等害虫同时发生，可用机油乳剂 150 倍液一并兼治。

C. 单治绣线菊蚜、苹果瘤蚜，可用 10％吡虫啉可湿性粉剂 3 000倍液，或 0.3％印楝素乳油 800～1 000 倍液，或机油乳剂 150 倍液喷雾。

D. 单治苹果绵蚜用 48％毒死蜱乳剂1 000～1 500倍液喷雾。

E. 单治叶螨可用 0.3％印楝素乳油 800～1 000 倍液。

F. 发芽前单治金纹细蛾可用 25％灭幼脲悬浮剂 1 500 倍液，或 20％杀铃脲悬浮剂8 000倍液。

G. 花期有金龟甲危害，可用人工捕捉，或杀虫灯、糖醋液诱杀。

H. 若往年康氏粉蚧发生较重，可在苹果萌芽前喷 1 次机油乳剂 100 倍液，或 3～5 波美度石硫合剂。

3. 幼果期（5～6 月）病虫防治

（1）病虫发生特点。幼果期是苹果叶部和果实病害的初侵染期和发病期，苹果斑点落叶病、苹果轮纹病、苹果炭疽病等病害进入重点危害期。绣线菊蚜、苹果绵蚜、山楂叶螨、金纹细蛾、棉褐带卷蛾等害虫亦进入猖獗危害期，桃蛀果蛾陆续出土，做茧羽化。病害以苹果斑点落叶病、苹果轮纹病为防治重点，兼治其他病害。虫害以山楂叶螨、苹果全爪螨、二斑叶螨、绣线菊蚜、金纹细蛾为重点，兼治其他害虫。

（2）防治方法。

①防治苹果斑点落叶病、轮纹病、霉心病、炭疽病。苹果树谢花后 7～10 天开始喷药，以后每 15 天左右喷 1 次药，直至苹果收获前 20 天为止。喷药间隔期根据降雨情况来定，降雨多的天气，间隔 10 天喷 1 次药，天气干旱、降雨少的天气间隔 15～20 天喷 1次药。药剂可选用：70％甲基硫菌灵可湿性粉剂 600～800 倍液，或 10％苯醚甲环唑水分散粒剂 4 000 倍液；10％多抗霉素可湿性粉剂 1 000～1 500 倍液；80％代森锰锌 800 倍液，或 50％异菌脲可湿性粉剂 1 500 倍液；倍量式波尔多液 200 倍液（套袋苹果在套袋后、摘袋前使用，金帅、乔纳金慎用），或 68.75％噁酮·锰锌水分散粒剂 1 000 倍液。注意农药交替使用，避免病原菌产生抗性。

②防治苹果苦痘病。在苹果谢花后至套袋前，每隔 7～10 天喷1 次补钙制剂，可选用：氨基酸钙 500 倍液或 70％氯化钙或硝酸钙150 倍液。

③防治叶螨。苹果谢花后 7 天和 10～15 天是山楂叶螨、苹果全爪螨的产卵盛期，花后 30 天是两种叶螨的危害高峰期，因此应抓住这两个关键期进行防治。药剂可选用：15％哒螨灵乳油 2 000倍液，或 1.8％阿维菌素乳油 4 000 倍液，或 24％螺螨酯悬浮剂4 000～5 000 倍液。

④防治蚜虫。5～6 月是绣线菊蚜、苹果瘤蚜严重危害期，在成虫迁飞期，可用黄板诱蚜法进行防治。喷药防治，麦收前是防治关键期。麦收后是否防治应根据虫情和天敌数量而定。药剂可选用：0.2％苦参碱水剂 800 倍液，或 10％吡虫啉可湿性粉剂 3 000倍液，或 3％啶虫脒乳油 2 000 倍液喷雾。

⑤防治棉褐带卷蛾。5 月底、6 月初为越冬代成虫产卵期，应

挂性诱剂进行预测，在卵期可释放松毛虫赤眼蜂进行防治，分 4 次放蜂，每亩放蜂 10 万头。6 月中下旬为第一代幼虫低龄期，如虫量较多应进行防治，药剂可选用：25％灭幼脲悬浮剂 1 500 倍液，或 2.5％高效氯氟氰菊酯乳油 2 000 倍液，或 20％虫酰肼悬浮剂 1 500～2 000 倍液。

⑥防治金纹细蛾。5 月下旬至 6 月上旬是第一代成虫发生盛期，应挂性诱剂进行预测，或用迷向法防治。金纹细蛾产卵盛期在 6 月上中旬，应抓住 6 月中旬成虫盛末期进行防治。药剂可选用：25％灭幼脲悬浮剂 1 500 倍液，或 35％氯虫苯甲酰胺水分散粒剂 8 000 倍液，或 5％氟铃脲乳油 1 500～2 000 倍液，或杀虫灯和性诱剂诱杀成虫。

⑦防治康氏粉蚧。苹果套袋前喷 1 次 48％毒死蜱乳油 1 500 倍液，并可兼治其他害虫。

⑧防治桃蛀果蛾。6 月下旬至 7 月初为越冬代成虫盛发期，亦是卵孵化期，因此要抓住 6 月下旬进行喷药防治。当卵果率达 1％左右时立即喷药，药剂可选用：35％氯虫苯甲酰胺水分散粒剂 7 000倍液，或 48％毒死蜱乳油 1 500 倍液，或 25％灭幼脲悬浮剂 1 500 倍液，全树均匀喷洒。

4. 果实膨大期（7～8 月）病虫防治

（1）病虫发生特点。7～8 月是高温、多雨季节，诸多病虫进入盛发期，苹果斑点落叶病等叶部病害普遍发病，苹果轮纹病等果实病害开始流行。二斑叶螨、金纹细蛾、桃蛀果蛾等危害加重。雨季到来，山楂叶螨、苹果全爪螨、绣线菊蚜、苹果绵蚜危害减轻（持续干旱年份危害仍很重）。棉铃虫、棉褐带卷蛾有的年份亦会严重危害。因此防治病害应以苹果轮纹病、苹果斑点落叶病为重点，防治虫害应以金纹细蛾、桃蛀果蛾、二斑叶螨为重点，兼治其他病虫。

（2）防治方法。

①防治病害。以苹果轮纹病、苹果斑点落叶病为防治重点，兼治苹果炭疽病、苹果霉心病。降雨是促进多种病原菌孢子释放的重要条件，因此掌握雨后喷药是提高防治效果的技术关键。喷药时要

注意多种杀菌剂的交替使用，根据降雨情况灵活掌握喷药间隔期，多雨时 10 天喷 1 次，干旱时 15～20 天喷 1 次。药剂可选用：3％中生菌素水剂 600～800 倍液，或 70％甲基硫菌灵可湿性粉剂 800 倍液，或 25％戊唑醇乳油 2 000 倍液，或倍量式波尔多液 200 倍液。

②防治叶螨。7 月中旬以前，如山楂叶螨、苹果全爪螨发生较重，仍需进行防治（药剂种类同幼果期）。7～8 月二斑叶螨危害严重，应及时防治，药剂可选用：15％哒螨灵乳油 1 500 倍液，或 0.3％印楝素乳油 800～1 000 倍液，或 1.8％阿维菌素乳油 2 000 倍液。

③防治棉铃虫。可用 5％高效氯氟氰菊酯乳油 1 500～2 000 倍液，或 20％杀铃脲悬浮剂 8 000 倍液。

④防治金纹细蛾。7 月中旬至 8 月中旬是第二代、第三代金纹细蛾成虫盛发期，应抓住关键期进行防治。药剂可选用：25％灭幼脲悬浮剂 1 500 倍液，或 20％杀铃脲悬浮剂 6 000～8 000 倍液，或 35％氯虫苯甲酰胺水分散粒剂 8 000 倍液，以上药剂可兼治桃蛀果蛾。

⑤防治桃蛀果蛾。7 月上旬和 8 月上中旬应抓紧喷药防治，防治药剂同金纹细蛾。

5. 采果期前后（9～10 月）病虫防治

（1）病虫发生特点。苹果进入成熟期，早熟品种可停止用药，中晚熟品种仍需继续用药，直至采收前 15～20 天停用。喷药重点是果实病害，主治苹果轮纹病、苹果炭疽病，兼治其他病害。9 月上中旬至 10 月是苹果斑点落叶病危害秋梢的发病高峰期，另外，苹果树腐烂病还有一个危害高峰，均需防治。害虫则处于下降趋势，一般不需防治，但中晚熟品种金纹细蛾仍需防治。

（2）防治方法。

①病害防治。苹果采收前常因苹果轮纹病、苹果炭疽病发病造成大量烂果，因此中晚熟品种仍需喷 2～3 次杀菌剂，特别是苹果摘袋后为了防止病原菌侵染，更需喷药保护。药剂可选用：50％多菌灵可湿性粉剂 600～800 倍液，或 40％氟硅唑乳油 5 000 倍液，

或 10%多抗霉素可湿性粉剂 1 000 倍液。摘袋后的苹果不要喷波尔多液，否则会污染果面，影响商品价值。苹果树腐烂病的防治可在采果后进行刮治和涂抹药剂。若 9 月中晚熟品种苹果斑点落叶病危害秋梢较重，仍需喷药防治 1 次，药剂同前。

②害虫防治。第四代金纹细蛾有些年份仍会严重发生，仍需喷药防治。

6. 农药使用准则

（1）允许使用植物源、矿物源、生物源及微生物农药和昆虫生长调节剂。

（2）允许使用寄生性或捕食性天敌，以及昆虫性外激素。

（3）有限度地使用中等毒农药。

（4）禁止使用的农药包括甲拌磷、乙拌磷、久效磷、杀扑磷、对硫磷、甲胺磷、甲基对硫磷、甲基异硫磷、氧乐果、磷胺、克百威、涕灭威、杀虫脒、三氯杀螨醇、滴滴涕、六六六、林丹、氟乙酸钠、氟虫胺、福美砷及其他砷制剂等。

（5）科学合理使用农药。

① 利用黑光灯或性诱剂开展病虫害的预测预报，在做好果树病虫防治的基础上实现果树的统一防治，并做到有针对性地适时用药，未达到防治指标或益、害虫比例合理的情况下不用药。

② 允许使用的农药，每种每年最多使用 2 次。最后一次施药距采收间隔应在 20 天以上。品种及使用技术见附表 1、附表 2。

③ 限制使用的农药，每种每年最多使用 1 次。安全间隔期应在 30 天以上。品种及使用技术见附表 3。

④ 严禁使用禁止使用的农药和未核准登记的农药。

⑤ 根据天敌发生特点，合理选择农药种类、施用时间和方法，保护天敌。

⑥ 注意不同作用机理的农药交替使用和合理混用，以延缓病原菌和害虫产生抗药性，提高防治效果。

⑦ 坚持农药的正确使用，严格按使用浓度施用，施药力求均匀周到。

附表 1 苹果园允许使用的主要杀虫杀螨剂

农药品种	毒性	稀释倍数	使用方法	防治对象
1.8%阿维菌素乳油	低毒	5 000 倍液	喷施	叶螨、金纹细蛾
0.3%苦参碱水剂	低毒	800～1 000 倍液	喷施	蚜虫、叶螨等
10%吡虫啉可湿性粉剂	低毒	5 000 倍液	喷施	蚜虫、金纹细蛾等
25%灭幼脲悬浮剂	低毒	1 000～2 000 倍液	喷施	金纹细蛾、桃小食心虫等
20%杀铃脲悬浮剂	低毒	8 000～10 000 倍液	喷施	桃小食心虫、金纹细蛾等
50%马拉硫磷乳油	低毒	1 000 倍液	喷施	蚜虫、叶螨、卷叶虫等
50%辛硫磷乳油	低毒	1 000～1 500 倍液	喷施	蚜虫、桃小食心虫等
5%噻螨酮乳油	低毒	2 000 倍液	喷施	叶螨类
20%四螨嗪悬浮剂	低毒	2 000～3 000 倍液	喷施	叶螨类
15%达螨灵乳油	低毒	3 000 倍液	喷施	叶螨类
8 000IU/毫克苏云金杆菌可湿性粉剂	低毒	500～1 000 倍液	喷施	卷叶虫、尺蠖、天幕毛虫等
10%烟碱水剂乳油	中等毒	800～1 000 倍液	喷施	蚜虫、叶螨、卷叶虫等
5%氟虫脲乳油	低毒	1 000～1 500 倍液	喷施	卷叶虫、叶螨等
25%噻嗪酮可湿性粉剂	低毒	1 500～2 000 倍液	喷施	介壳虫、叶蝉
5%氟啶脲乳油	中等毒	1 000～2 000 倍液	喷施	卷叶虫、食心虫

附表 2 苹果园允许使用的主要杀菌剂

农药品种	毒性	稀释倍数	使用方法	防治对象
5%菌毒清水剂	低毒	萌芽前 30～50 倍液 100 倍液	涂抹 喷施	腐烂病、苹果枝干轮纹病

（续）

农药品种	毒性	稀释倍数	使用方法	防治对象
腐必清乳剂（涂剂）	低毒	萌芽前 2~3 倍液	涂抹	腐烂病、苹果枝干轮纹病
2%嘧啶核苷类抗菌素水剂	低毒	萌芽前 10～20 倍液 100 倍液	涂抹 喷施	腐烂病、苹果枝干轮纹病
80%代森锰锌可湿性粉剂	低毒	800 倍液	喷施	斑点落叶病、轮纹病、炭疽病
70%甲基硫菌灵可湿性粉剂	低毒	800~1 000 倍液	喷施	斑点落叶病、轮纹病、炭疽病
50%多菌灵可湿性粉剂	低毒	600~800 倍液	喷施	轮纹病、炭疽病
40%氟硅唑乳油	低毒	6 000~8 000 倍液	喷施	斑点落叶病、轮纹病、炭疽病
1%中生菌素水剂	低毒	200 倍液	喷施	斑点落叶病、轮纹病、炭疽病
68.5%噁酮·锰锌水分散粒剂	低毒	1 000 倍液	喷施	斑点落叶病、轮纹病、炭疽病
石灰倍量式或多量式波尔多液	低毒	200 倍液	喷施	斑点落叶病、轮纹病、炭疽病
50%异菌脲可湿性粉剂	低毒	1 000~1 500 倍液	喷施	斑点落叶病、轮纹病、炭疽病
70%代森锰锌可湿性粉剂	低毒	800~1 000 倍液	喷施	斑点落叶病、轮纹病、炭疽病
70%乙铝·锰锌可湿性粉剂	低毒	500~600 倍液	喷施	斑点落叶病、轮纹病、炭疽病
硫酸铜	低毒	100~150 倍液	灌根	根腐病
15%三唑酮乳油	低毒	1 500~2 000 倍液	喷施	白粉病

（续）

农药品种	毒性	稀释倍数	使用方法	防治对象
50%硫黄悬浮剂	低毒	200～300 倍液	喷施	白粉病
石硫合剂	低毒	发芽前 3～5 波美度，开花前后 0.3～0.5 波美度	喷施	白粉病、霉心病等
843 康复剂	低毒	5～10 倍液	涂抹	腐烂病
10%多抗霉素可湿性粉剂	低毒	1 000 倍液	喷施	斑点落叶病等
75%百菌清可湿性粉剂	低毒	600～800 倍液	喷施	苹果轮纹病、炭疽病、落叶病

附表 3　苹果园限制使用的主要农药品种

农药品种	毒性	稀释倍数	使用方法	防治对象
48%毒死蜱乳油	中等毒	1 000～2 000 倍液	喷施	苹果绵蚜、桃小食心虫
50%抗蚜威可湿性粉剂	中等毒	800～1 000 倍液	喷施	苹果黄蚜、瘤蚜等
25%抗蚜威水分散粒剂	中等毒	800～1 000 倍液	喷施	苹果黄蚜、瘤蚜等
20%甲氰菊酯乳油	中等毒	3 000 倍液	喷施	桃小食心虫、叶螨类
30%氰戊·马拉松乳油	中等毒	2 000 倍液	喷施	桃小食心虫、叶螨类
80%敌敌畏乳油	中等毒	1 000～2 000 倍液	喷施	桃小食心虫
50%杀螟硫磷乳油	中等毒	1 000～1 500 倍液	喷施	卷叶蛾、桃小食心虫、介壳虫
10%高效氯氰菊酯乳油	中等毒	2 000～3 000 倍液	喷施	桃小食心虫
20%氰戊菊酯乳油	中等毒	2 000～3 000 倍液	喷施	桃小食心虫、蚜虫、卷叶蛾等
2.5%溴氰菊酯乳油	中等毒	2 000～3 000 倍液	喷施	桃小食心虫、蚜虫、卷叶蛾等

附录二 梨病虫害绿色防控技术规程

（一）休眠期（11月至翌年3月初）

1. 病虫发生特点

进入12月以后，气温逐渐降低，叶片脱落，树体进入休眠期。果园内的害虫和病原菌停止活动，进入越冬状态，便于集中消灭。同时休眠期的梨树抗药性较强，可施用高浓度药剂进行防治，能收到事半功倍的效果。

2. 重点防治对象

腐烂病、轮纹病、黑星病、干腐病；梨木虱、黄粉虫、梨二叉蚜、红蜘蛛、介壳虫等。

3. 主要防治措施

（1）人工防治。

①清理果园。待树上叶片脱落以后，彻底清扫落叶、病果和杂草，摘除僵果，集中烧毁或深埋，以消灭在其中越冬的病虫。结合冬剪，剪除树上病枝（腐烂病、轮纹病、干腐病及其他原因致死的枯枝）和虫枝（可剪除有梨小食心虫、梨瘿华蛾、黄褐天幕毛虫卵块、中国梨木虱、黄刺蛾茧、蚱蝉卵的枝叶），以及扫除越冬黑星病、褐斑病的落叶。将剪下的病虫枝梢和清扫的落叶、落果集中后带出园外烧毁，切勿堆积在园内或做果园屏障，以防病虫再次向果园扩散。

②刮树皮。梨树树皮裂缝中隐藏着多种害虫和病原菌，山楂叶螨、二斑叶螨、梨小食心虫、卷叶蛾等害虫大多在粗皮、翘皮及裂缝处越冬。刮树皮是消灭病虫的有效措施，及时刮除老翘皮，刮皮前在树下铺塑料布，将刮除物质集中烧毁。刮皮应以秋末、初冬效果最好，最好选无风天气，以免风大把刮下的病虫吹散。刮皮的程

度应掌握小树和弱树宜轻，大树和旺树宜重的原则，轻者刮去枯死的粗皮，重者应刮至皮层微露黄绿色为宜。刮皮要彻底，但在刮皮的同时要注意保护天敌，或改冬天刮为早春刮，将刮下的树皮放在粗纱网内，待天敌出蛰后，再将树皮烧掉。

③树干涂白。对梨树主干、主枝进行涂白，既可以杀死隐藏在树缝中的越冬害虫虫卵及病原菌，又可以防止冻害、日灼，延迟果树萌芽和开花，使果树免遭春季晚霜的危害。涂白剂的配制：生石灰 10 份，石硫合剂原液 2 份，水 40 份，黏土 2 份，食盐 1～2 份，加入适量杀虫剂，将以上物质溶化混匀后，倒入石硫合剂和黏土，搅拌均匀涂抹树干，涂白次数以 2 次为宜。第一次在落叶后到土壤封冻前，第二次在早春。涂白部位以主干基部为主直到主侧枝的分杈处，树干南面及树杈向阳处重点涂抹，涂抹时要由上而下，力求均匀，勿烧伤芽体。

④果园深翻。利用冬季低温和冬灌的自然条件，通过深翻果园，将在土壤中越冬的害虫，如蝼蛄、蛴螬、金针虫、地老虎、食心虫、红蜘蛛、舟形毛虫、铜绿丽金龟、棉铃虫等的蛹及成虫，翻于土壤表面冻死或被有益动物捕食。深翻果园还可以改善土壤理化性质，增强土壤冬季保水能力。深翻时一定要将下层土翻至上层，效果才好。

（2）药剂防治。

①病害防治。梨树腐烂病和枝干轮纹病主要采用初冬或早春刮除病斑或病瘤后涂药的方法进行防治。刮治腐烂病，刮治的病斑呈梭形，边缘要齐，以利愈合。刮病斑的宽度应比原病斑宽出 1 厘米左右，深达木质部，将病皮彻底清除。刮治前后所用工具要消毒，刮下的病皮带出果园烧毁。病斑刮除后要用药剂涂抹进行消毒，消毒药剂可采用腐必清 2～3 倍液，或 2‰嘧啶核苷类抗菌素水剂 10～20 倍液，或 5％菌毒清水剂 30～50 倍液。半月后再用上述药剂涂抹 1 次。同时每年早春还要对刮治后 3 年以内的原病斑用上述药剂涂抹 1 次。对枝干轮纹病要彻底刮治病瘤，并用上述药剂进行消毒。对腐烂病，枝干轮纹病和炭疽病发生不太严重的果园，可在

冬前或早春采用树体喷药的方法防治。喷药时要注意树干和主枝上要适当多喷一些药液，以利药液渗透表皮。药剂可选用：腐必清或2％嘧啶核苷类抗菌素水剂或5％菌毒清水剂100倍液，或5波美度石硫合剂，或40％氟硅唑乳油5 000倍液。

②虫害防治。在早春花芽萌动前，防治蚜虫越冬卵和初卵若虫，山楂叶螨越冬雌成螨和介壳虫等害虫，可喷95％机油乳油50～80倍液，或5波美度石硫合剂。

（二）芽萌动至开花期（3～4月）

1. 病虫发生特点

进入3月以后，气温逐渐回升，叶芽萌动，花芽逐渐露绿开绽、吐红、开花。同时越冬的病原菌也开始传播，特别是老病斑中的潜伏菌丝逐渐向四周扩散蔓延。经休眠期后的树体，消耗了大量养分，树势较弱，抗病力减低，因此春季是腐烂病的发病高峰，枝干上的轮纹病、冬芽上的白粉病、根系上的根腐病以及各种蚜虫、螨类和金龟甲都开始活动。

2. 重点防治对象

腐烂病、轮纹病、干腐病、黑星病、白粉病、锈病；梨木虱、黄粉虫、梨二叉蚜、红蜘蛛、介壳虫、金龟甲等。

3. 主要防治措施

（1）病害防治。

①腐烂病、枝干轮纹病。3～4月是腐烂病、轮纹病的发病高峰，亦是防治的关键期，应抓紧防治。刮治方法同休眠期。

②白粉病。发芽前（芽萌动时）喷5波美度石硫合剂；发芽后药剂可选用：0.3～0.5波美度石硫合剂，或40％氟硅唑乳油6 000～8 000倍液，或15％三唑酮可湿性粉剂1 500倍液，或50％硫黄悬浮剂200～400倍液。同时还要及时剪除病梢，以减少病原菌侵染来源，剪除的病梢集中烧毁或深埋，防止扩散传播。

③黑星病。发芽前全树喷1次5波美度石硫合剂，或45％代森铵水剂150～200倍液，铲除树体上的病原菌。发芽后开花前，

喷施 12.5％烯唑醇可湿性粉剂 2 000 倍液，或 40％腈菌唑悬浮剂 3 000 倍液，或 50％多菌灵可湿性粉剂 600 倍液，或 40％氟硅唑乳油 6 000～8 000 倍液，杀灭在芽内越冬的黑星病病原菌。盛花期可喷 1％中生菌素水剂 300 倍液（该药剂对花安全）。

④根部病害。发现重病树后要在病树周围挖封锁沟（深 50～60 厘米，宽 40～50 厘米），防止病区扩大。随后扒出树根晾晒，刮除病腐皮，涂抹 2～3 波美度石硫合剂消毒，并要更换土壤。根朽病轻病树，可直接在树冠下土壤中打孔，每隔 20 厘米打 1 个孔（孔径 3 厘米，深 30～50 厘米），每孔灌入 200 倍福尔马林 100 毫升，随后封孔熏蒸。紫（白）纹羽病，可用 70％甲基硫菌灵可湿性粉剂 1 000 倍液，白绢病用 50％代森铵水剂 500～800 倍液，圆斑根腐病用硫酸铜 100 倍液，每株树按树龄大小浇灌药液 50～300 千克。亦可用 80％五氯酚钠 30～50 倍药土处理树穴或病树周围，每株用 15～25 千克。病树治疗后，要加强栽培管理，如加施磷、钾肥和叶面追肥，根部桥接，嫁接新根等措施，以促进树势恢复。

（2）虫害防治。

①梨木虱。梨木虱成虫分为冬型和夏型两种，以冬型成虫在树皮裂缝内、杂草、落叶及土壤空隙中越冬，在山东一年发生 4～6 代。越冬成虫于梨树花芽膨大时（3 月上旬）出蛰，梨树花芽鳞片露白期（3 月中旬）为出蛰盛期，出蛰期长达 1 个月。3 月上中旬喷 4.5％高效氯氰菊酯乳油 2 000 倍液，或 5％高氯·吡乳油 1 500 倍液加增效剂，杀灭越冬代梨木虱成虫。

②防治其他害虫。如有几种害虫同时发生，可喷 1.8％阿维菌素乳油 4 000 倍液一并兼治。防治蚜虫可用 10％吡虫啉可湿性粉剂 3 000 倍液，或 0.3％苦参碱水剂 800～1 000 倍液，或 50％抗蚜威可湿性粉剂 1 500～2 000 倍液。防治红蜘蛛药剂可选用 50％硫黄悬浮剂 200～400 倍液，或 20％四螨嗪悬浮剂 2 000～2 500 倍液，或 5％噻螨酮乳油 2 000 倍液，或 15％哒螨灵乳油 2 000～2 500 倍液，或 25％三唑锡可湿性粉剂 1 500 倍液。若往年康氏粉蚧发生较重，可在萌芽前喷 1 次机油乳剂 100 倍液，或 3～5 波美度石硫

合剂。

4. 注意事项

①开花前防治是全年的关键，既安全又经济。

②发芽后开花前用药，必须选用安全农药，以免发生药害。

③3月上中旬，梨木虱越冬成虫在气候温暖时出蛰、交尾、产卵，要根据天气变化，在温暖无风天喷药，才会有较好的防治效果。此期是梨木虱防治的第一个关键时期。

（三）开花期（4月上中旬）

1. 病虫发生特点

梨树花期对农药非常敏感，常会烧伤柱头、杀死花粉、影响授精，导致落花、落果。因此，花期一般不能喷洒化学农药，应在花前或花后用药。

2. 重点防治对象

金龟甲、梨茎蜂等。

3. 主要防治措施

（1）金龟甲。

①如果开花期金龟甲啃花比较严重，利用成虫的假死性，采用人工捕捉或震荡法予以消灭。震荡法可于每天清晨露水未干时，在树冠下铺一层塑料薄膜，然后摇动树体，将震荡下的金龟甲放入装有杀虫剂药液的桶内杀死。有条件的地方，亦可采用灯光或糖醋液诱杀。

②在成虫出土羽化前，可用10％辛硫磷颗粒剂100倍液处理土壤。

③成虫发生期树上喷药防治。药剂选用：4.5％高效氯氰菊酯乳油2 000倍液，或90％敌百虫可溶粉剂800倍液，或5％高氯·吡乳油1 000～1 500倍液。喷药时要慎重，以免发生药害，一般在初花期。

④树干下部捆绑"塑料裙"，防止金龟子上树危害。

（2）梨茎蜂。

①在梨树初花期前，将黄色双面粘虫板（规格 20 厘米×30 厘米）悬挂于离地 1.5～2.0 米高的枝条上，每亩均匀悬挂 30 块左右，利用粘虫板的黄色光波引诱成虫，使其被粘住致死。根据粘杀情况，及时更换粘虫板。最好采取统防统治，大面积成片集中悬挂。另外，还可作为虫情监测手段，指导田间喷药防治。

②喷药防治抓住花后成虫发生高峰期，在新梢长至 5～6 厘米时可喷施 20％氰戊菊酯 3 000 倍液，或 80％敌敌畏乳油 1 000～1 500 倍液，或 5％高氯·吡乳油 1 000～1 500 倍液等。

（3）其他害虫。

①灯光诱杀。利用黑光灯、频振灯诱杀蛾类、某些叶蝉及金龟甲等具有趋光性的害虫。将杀虫灯架设于梨园树冠顶部，可诱杀各种趋光性较强的害虫，降低虫口基数，并且对天敌伤害小，达到防治的目的。

②糖醋液诱杀。糖醋液配制：1 份糖、4 份醋、1 份酒、16 份水，并加少许敌百虫。许多害虫如卷叶蛾、梨小食心虫、金龟甲、小地老虎、棉铃虫等，对糖醋液有很强的趋性，将糖醋液放置在果园中，每亩 3～4 盆，盆高一般 1～1.5 米，于生长季节使用，可以诱杀多种害虫。

③性诱剂诱杀。应用于鳞翅目害虫防治的较多，其防治作用有害虫监测、诱杀防治和迷向防治 3 个方面。用性诱芯制成水碗诱捕器诱蛾，碗内放少许洗衣粉，诱芯距水面约 1 厘米，将诱捕器悬挂于距地面 1.5 米的树冠内膛，每果园设置 5 个诱捕器，逐日统计诱蛾量，当诱蛾量达到高峰、田间卵果量达到 1％时，即是树上防治适期，可树冠喷洒杀虫剂。

（四）幼果期（5～6 月）

1. 病虫发生特点

幼果期是梨叶部病害和果实病害的初侵染期和发病期，枝干病害减轻，黑点病、轮纹病、炭疽病和叶部病害等进入重点危害期。病害的防治重点是控制病原菌的初侵染源。此期的害虫如叶螨、蚜虫、卷叶蛾等已进入猖獗危害期。食心虫等陆续出土，作茧羽化。黑点病、康氏粉蚧等也是主要防治时期。应根据害虫群数量确定防治重点，并兼治其他害虫。

2. 重点防治对象

黑星病、轮纹病、炭疽病、套袋果黑点病、叶部病害等；梨木虱、黄粉虫、康氏粉蚧、食心虫、红蜘蛛、梨二叉蚜、椿象等。

3. 主要防治措施

（1）病害防治。

①梨黑星病。5～6月是黑星病病原菌侵染危害的关键期。4月下旬至5月下旬，人工摘除黑星病梢，7～8天巡回检查摘除1次，深埋或带出园外。应在发病初期喷药防治，药剂可选用：50％多菌灵可湿性粉剂600倍液，或80％代森锰锌可湿性粉剂800倍液，或10％苯醚甲环唑悬浮剂8 000～10 000倍液，或40％氟硅唑乳油5 000倍液，视天气情况，10～15天1次。

②叶部病害、轮纹病、炭疽病。谢花后10天左右开始喷药，以后10～15天喷一次，可兼治多种病害。用药要注意药剂的交替轮换使用，以免病菌产生抗性。药剂可选用：1％中生菌素水剂300～400倍液和40％氟硅唑乳油8 000倍液（或代森锰锌800倍液）混用，有明显的增效作用；或50％异菌脲可湿性粉剂1 000～1 500倍液；或1.5％多抗霉素可湿性粉剂200～300倍液；或40％氟硅唑乳油6 000～8 000倍液；或70％乙铝·锰锌可湿性粉剂500～600倍液；或70％甲基硫菌灵可湿性粉剂800～1 000倍液；或50％多菌灵可湿性粉剂600～800倍液；或70％代森锰锌可湿性粉剂600～700倍液，或80％代森锰锌可湿性粉剂800倍液，或27.12％碱式硫酸铜悬浮剂500～800倍液，倍量式或多量式波尔多液200倍液，波尔多液属碱性农药，一般不能和杀虫剂、杀螨剂混用。其他非碱性杀菌剂可加入杀虫剂、杀螨剂混用，兼治病虫。

③黑点病。此时是防治黑点病的关键时期，特别是花后至套袋前3遍药尤为重要。

A. 选用优质袋、合理修剪，保证通风透光良好。

B. 规范操作。宜选择外围果实套袋，封堵严袋口。

C. 加强管理。及时排水和中耕散墒，降低果园湿度。

D. 套袋前选用优质高效安全剂型，如大生、易保、喷克、福星、甲基硫菌灵、烯唑醇、多抗霉素、吡虫啉、阿维菌素等，并注意选用雾化程度高的药械，待药液完全干后再套袋。

（2）虫害防治。

①害螨。山楂叶螨在盛花期前后为产卵盛期，落花后 10～15 天为第一代卵孵化盛期。花后 1 个月左右是危害高峰期。因此，应抓住谢花后 7～10 天和花后 1 个月这两个关键期进行防治。防治指标（平均单叶成螨数）山楂叶螨 2～3 头。二斑叶螨早期多在杂草上活动，6 月上中旬开始上树进行危害，7～8 月是危害高峰期。防治叶螨的药剂可选用：1.8％阿维菌素乳油 5 000 倍液，或 20％四螨嗪悬浮剂 2 000 倍液，或 5％噻螨酮乳油 2 000 倍液，或 15％哒螨灵乳油 2 000 倍液。

②蚜虫。5～6 月是蚜虫猖獗危害期，如果蚜量较大，麦收前应及时进行防治，麦收后要根据天敌数量决定是否防治。如梨园周围有大片麦田，麦收后田间有大批瓢虫等捕食性天敌迁入果园取食蚜虫，可不用喷药防治，应对天敌加以保护利用。药剂可选用：10％吡虫啉可湿性粉剂 3 000 倍液，或 0.3％苦参碱水剂 800～1 000 倍液，或 3％啶虫脒微乳剂 2 000 倍液，或 25％噻虫嗪水分散粒剂 5 000～10 000 倍液喷雾。

③梨木虱。落花后第一代若虫发生期或盛花后 1 个月左右的第二代若虫发生期，是防治第一代、二代梨木虱若虫的关键时期，药剂可选用：10％吡虫啉可湿性粉剂 3 000 倍液，或 1.8％阿维菌素乳油 4 000 倍液，或 4.5％高效氯氰菊酯乳油 2 000 倍液，兼治蚜虫及红蜘蛛等。

④其他害虫。

A. 防治黄粉虫，有效药剂有 3％啶虫脒微乳剂 2 000 倍液，或 10％吡虫啉可湿性粉剂 3 000 倍液等。

B. 防治椿象，以 50％杀螟松乳油 1 000 倍液，或 48％毒死蜱乳油 1 500 倍液，或 20％氰戊菊酯乳油 2 000 倍液效果为好。

C. 5 月中旬注意防治第二代梨木虱若虫及康氏粉蚧，最佳药剂组合为：1.8％阿维菌素乳油 4 000～5 000 倍液，或 10％吡虫啉可湿性粉剂 2 000～3 000 倍液加 48％毒死蜱乳油 1 000～1 500 倍液加助杀 1 000 倍液，并可兼治绿盲蝽、黄粉蚜及各种螨类等。

D. 6 月梨小食心虫成虫开始陆续产卵，当田间卵果率达 1％时进行喷药防治，药剂可选用：30％氰戊•马拉松乳油 1 500～2 000 倍液，或 20％氰戊菊酯乳油 1 000～2 000 倍液，或 48％毒死蜱乳油 1 000～1 500 倍液，或 25％灭幼脲悬浮剂 1 500～2 000 倍液，或 20％除虫脲悬浮剂 2 000～3 000 倍液。如虫口数量较大，隔 7～10 天再喷 1 次。

4. 注意事项

①麦收前是防治各类病虫的关键，必须按时、周到喷药，此时防治黄粉虫应注意细喷枝干，防止黄粉虫上果进行危害。

②麦收前用药不当最易造成药害，影响果品质量，所以此期用药必须选用安全农药。

③梨果套袋前，必须喷施 1 次杀菌剂，以防套袋果的黑点病。

④防治梨木虱及黄粉虫时，若在药液中加入农药增效剂可显著提高防效。

（五）果实膨大期（7～8 月）

1. 病虫发生特点

7～8 月是高温、潮湿、多雨季节，既有利于果实的膨大发育，更有利于多种病虫发生危害。褐斑病等叶部病害进入发病盛期，如不及时防治既会引起大量落叶，减弱树势，又会促进腐烂病等枝干病害的严重发生。黑星病、轮纹病、炭疽等果实病害开始流行，有的品种出现烂果。此期内多种害虫同时发生，梨小食心虫开始大量蛀果，黄粉蚜、康氏粉蚧等防治不及时会造成大量套袋梨果受害。

2. 重点防治对象

黑星病、轮纹病、炭疽病、褐腐病、白粉病等；梨木虱、黄粉虫、康氏粉蚧、椿象、梨小食心虫等。

3. 主要防治措施

（1）病害防治。主要防治各类叶、果病害。降雨是促进病原菌孢子释放的首要条件，掌握雨后及时喷药是提高防治效果的技术关键。一般药剂的田间持效期有机杀菌剂为 10～15 天，波尔多液15～20 天，药剂种类可参考幼果期病害防治。根据此时气候特点，用药以保护性、耐雨水冲刷、持效期长的农药（如波尔多液或噁酮·锰锌 1 200 倍液）为主，中间穿插内吸性杀菌剂（15～20 天）。例如，渗透性较强的 80％三乙膦酸铝可湿性粉剂 600～700 倍液，或 50％苯菌灵可湿性粉剂 800 倍液，（或 50％多菌灵可湿性粉剂 600～800 倍液），或 40％氟硅唑水乳剂 6 000～8 000 倍液，或 25％戊唑醇可湿性粉剂 2 000 倍液。另外，亦可在杀菌剂中加入少量展着剂如害立平或助杀 1 000 倍液，可显著提高药剂耐雨水冲刷能力。

（2）虫害防治。

① 梨木虱仍需防治 1～2 次，有效药剂为 4.5％高效氯氰菊酯乳油 2 000 倍液，或 1.8％阿维菌素乳油 4 000 倍液，或 48％毒死蜱 1 500 倍液等，兼治梨小食心虫、椿象、介壳虫等。

②此时应特别注意套袋果实黄粉虫发生情况，7～8 月是危害高峰期。药剂选用 80％敌敌畏乳油 800～1 000 倍液，或 10％吡虫啉可湿性粉剂 3 000 倍液，或 20％氰戊菊酯浮油 1 000～2 000 倍液，或 10％氯氰菊酯乳油 1 500～2 000 倍液等。套袋后要加强检查，发现黄粉虫危害，及时喷 50％敌敌畏乳油 600～800 倍液，将果袋喷湿，利用药物的熏蒸作用杀死袋内蚜虫。危害率达 20％以上的梨园要解袋喷药。

③椿象危害重的园子，7 月初要重点监控，及时喷药防治。药剂可选用：杀螟松、毒死蜱、氰戊菊酯等，连喷 2～3 次，同时注意群防群治。

④7 月上中旬至 8 月上旬，需喷药防治康氏粉蚧第一代成虫和第二代若虫，常用药剂如 25％噻嗪酮可湿性粉剂 2 000 倍液，或

50％敌敌畏乳油800～1 000倍液，或20％氰戊菊酯乳油2 000倍液，或48％毒死蜱乳油1 200倍液，或52.25％氯氰·毒死蜱乳油1 500倍液等，喷药均匀，连树干、根茎"淋洗式"喷施。

⑤及时喷药防治梨小食心虫，药剂可用20％杀铃脲悬浮剂8 000～10 000倍液，或20％甲氰菊酯乳油3 000倍液。若发现金龟甲或舟形毛虫等食叶害虫危害时，可在杀菌剂（波尔多液除外）中混加48％毒死蜱1 000倍液等杀虫剂进行防治。

4. 注意事项

①此期为雨季，最好选用耐雨水冲刷药剂，或在药剂中加入农药展着剂、增效剂等。

②喷药时加入300倍尿素及300倍磷酸二氢钾，可增强树势，提高果品质量。

③雨季要慎用波尔多液及其他铜制剂，以免发生药害。

（六）成熟期至落叶期（9～10月）

1. 病虫发生特点

进入成熟期，重点是防治果实病害。早熟品种一般已停止用药，中、晚熟品种仍需连续用药（特别是雨水大、病害发生重的年份），直至采收前15～20天停止用药，9月以后苹果树腐烂病进入秋季发生高峰，亦需防治。害虫则处于下降趋势，主要是采取措施消灭越冬虫源。

2. 重点防治对象

黑星病、轮纹病、炭疽病、腐烂病；黄粉虫、梨木虱、介壳虫、大青叶蝉等。

3. 主要防治措施

（1）梨黑星病，喷施40％氟硅唑乳油5 000倍液，或80％代森锰锌可湿性粉剂800倍液，或40％腈菌唑水分散粒剂3 000倍液，或12.5％烯唑醇可湿性粉剂2 000倍液防治。

（2）防治黄粉蚜或梨木虱喷施10％吡虫啉可湿性粉剂3 000倍液，或80％敌敌畏乳油1 000倍液，或1.8％阿维菌素乳油

3 000～4 000倍液等。

（3）秋天树干上绑草把，可诱杀美国白蛾、潜叶蛾、卷叶蛾、螨类、康氏粉蚧、蚜虫、梨小食心虫等越冬害虫。把草把固定在靶标害虫寻找越冬场所的分枝下部，能诱集绝大多数个体潜藏在其中越冬，待害虫完全越冬后到出蛰前解下集中销毁或深埋，消灭越冬虫源。

（4）树干涂白防止大青叶蝉产卵。于10月上中旬成虫产卵前，在幼树枝干上涂刷白涂剂，重点涂刷一、二年生的枝条基部，阻止成虫产卵。如虫量较大，可喷药防治：10％吡虫啉可湿性粉剂3 000倍液，或50％辛硫磷乳油1 000倍液，或50％马拉硫磷乳油1 000倍液，或20％氰戊菊酯乳油2 500倍液等。

4. 注意事项

黑星病防治关键期，此期果实受害严重；喷药时加入300倍尿素和300倍磷酸二氢钾，可增强树势，提高果品质量；不再使用波尔多液，以免污染果面。

（七）农药使用准则

（1）禁止使用剧毒、高毒、高残留农药和致畸、致癌、致突变农药。截至2020年6月，禁止（停止）使用的农药共46种，分别为六六六、滴滴涕、毒杀芬、二溴氯丙烷、杀虫脒、二溴乙烷、除草醚、艾氏剂、狄氏剂、汞制剂、砷类、铅类、敌枯双、氟乙酰胺、甘氟、毒鼠强、氟乙酸钠、毒鼠硅、甲胺磷、对硫磷、甲基对硫磷、久效磷、磷胺、苯线磷、地虫硫磷、甲基硫环磷、磷化钙、磷化镁、磷化锌、硫环磷、蝇毒磷、治螟磷、特丁硫磷、氯磺隆、胺苯磺隆、甲磺隆、福美甲胂、福美胂、三氯杀螨醇、林丹、硫丹、溴甲烷（可用于检疫熏蒸处理）、氟虫胺、杀扑磷、百草枯（百草枯可溶胶剂自2020年9月26日起禁止使用）、2,4-滴丁酯（自2023年1月29日起禁止使用）；禁止在果树上使用的农药有甲拌磷、甲基异柳磷、克百威、水胺硫磷、氧乐果、灭多威、涕灭威、灭线磷、内吸磷、硫环磷、氯唑磷、乙酰甲胺磷、丁硫克百威、乐果。

（2）允许使用生物源农药、矿物源农药及低毒、低残留的化学农药。品种及使用技术见附表 4、附表 5。

（3）限制使用中等毒性农药。品种及使用技术见附表 6。限制使用的农药每种每年最多使用 1 次，安全间隔期在 30 天以上。

附表 4　梨园允许使用的杀虫杀螨剂

农药品种	毒性	稀释倍数	使用方法	防治对象
1.8％阿维菌素乳油	低毒	3 000～5 000 倍液	喷施	叶螨、梨木虱
0.3％苦参碱水剂	低毒	800～1 000 倍液	喷施	蚜虫、叶螨等
10％吡虫啉可湿性粉剂	低毒	3 000 倍液	喷施	蚜虫、梨木虱等
25％灭幼脲悬浮剂	低毒	1 000～2 000 倍液	喷施	食叶毛虫、食心虫等
20％杀铃脲悬浮剂	低毒	8 000～10 000 倍液	喷施	食叶毛虫、食心虫等
50％马拉硫磷乳油	低毒	1 000 倍液	喷施	椿象、介壳虫、卷叶虫等
50％辛硫磷乳油	低毒	800～1 000 倍液	喷施	蚜虫、食心虫等
5％噻螨酮乳油	低毒	2 000 倍液	喷施	叶螨类
20％四螨嗪悬浮剂	低毒	2 000 倍液	喷施	叶螨类
15％哒螨灵乳油	低毒	2 000～3 000 倍液	喷施	叶螨类
8 000IU/毫克苏云金杆菌可湿性粉剂	低毒	500～1 000 倍液	喷施	卷叶虫、尺蠖、天幕毛虫等
10％烟碱乳油	中等毒	800～1 000 倍液	喷施	蚜虫、叶螨等
5％氟虫脲乳油	低毒	1 000～1 500 倍液	喷施	卷叶虫、叶螨等
25％噻虫嗪水分散粒剂	低毒	5 000～10 000 倍液	喷施	蚜虫、梨木虱等
3％啶虫脒乳油	低毒	2 000～3 000 倍液	喷施	蚜虫、梨木虱等
25％噻嗪酮可湿性粉剂	低毒	1 500～2 000 倍液	喷施	介壳虫、叶蝉

附表 5　梨园允许使用的杀菌剂

农药品种	毒性	稀释倍数	使用方法	防治对象
5%菌毒清水剂	低毒	萌芽前 30～50 倍液，涂抹；100 倍液	喷施	腐烂病、枝干轮纹病、干腐病
腐必清乳剂（涂剂）	低毒	萌芽前 2～3 倍液	涂抹	腐烂病、枝干轮纹病、干腐病
2%嘧啶核苷类抗菌素水剂	低毒	萌芽前 10～20 倍液涂抹 100 倍液	喷施	腐烂病、枝干轮纹病、干腐病
80%代森锰锌可湿性粉剂	低毒	800 倍液	喷施	黑星病、轮纹病、炭疽病、叶斑病
70%甲基硫菌灵可湿性粉剂	低毒	800 倍液	喷施	黑星病、轮纹病
50%多菌灵可湿性粉剂	低毒	600 倍液	喷施	黑星病、轮纹病
40%氟硅唑乳油	低毒	6 000～8 000 倍液	喷施	黑星病、轮纹病、锈病等
27%碱氏硫酸铜悬浮剂	低毒	500～800 倍液	喷施	黑星病、轮纹病
石灰倍量式或多量式波尔多液	低毒	200 倍液	喷施	黑星病、轮纹病、炭疽病、叶斑病
50%异菌脲可湿性粉剂	低毒	1 000～1 500 倍液	喷施	黑星病、轮纹病、轮斑病
70%代森锰锌可湿性粉剂	低毒	600～800 倍液	喷施	黑星病、轮纹病、炭疽病、叶斑病
硫酸铜	低毒	100～150 倍液	喷施	梨根部病害
15%三唑酮乳油	低毒	1 500～2 000 倍液	喷施	白粉病、锈病
石硫合剂	低毒	发芽前 3～5 波美度开花前后 0.3～0.5 波美度	喷施	白粉病、黑星病等
843 康复剂	低毒	5～10 倍液	涂抹	腐烂病、干腐病
10%多抗霉素可湿性粉剂	低毒	1 000 倍液	喷施	黑斑病等

（续）

农药品种	毒性	稀释倍数	使用方法	防治对象
25%咪鲜胺乳油	低毒	600 倍液	喷施	炭疽病
10%苯醚甲环唑悬浮剂	低毒	8 000 倍液	喷施	黑星病、轮纹病、白粉病
40%腈菌唑乳油	低毒	3 000 倍液	喷施	黑星病、轮纹病
12.5%烯唑醇可湿性粉剂	低毒	2 000 倍液	喷施	黑星病、轮纹病
25%戊唑醇乳油	低毒	2 000 倍液	喷施	黑星病、轮纹病、叶斑病
75%百菌清可湿性粉剂	低毒	600～800 倍液	喷施	黑星病、轮纹病等

附表6 梨园限制使用的主要农药品种

农药品种	毒性	稀释倍数	使用方法	防治对象
48%毒死蜱乳油	中等毒	1 000～1 500 倍液	喷施	介壳虫、梨小食心虫
50%抗蚜威可湿性粉剂	中等毒	800～1 000 倍液	喷施	蚜虫、黄粉虫等
20%甲氰菊酯乳油	中等毒	2 000～3 000 倍液	喷施	梨小食心虫、叶螨类
30%氰戊·马拉松乳油	中等毒	1 000～1 500 倍液	喷施	梨小食心虫、椿象类
80%敌敌畏乳油	中等毒	1 000～1 500 倍液	喷施	梨小食心虫、椿象类、黄粉虫
50%杀螟硫磷乳油	中等毒	1 000～1 500 倍液	喷施	卷叶蛾、梨小食心虫、介壳虫
10%高效氯氰菊酯乳油	中等毒	2 000～3 000 倍液	喷施	梨小食心虫、梨木虱
20%氰戊菊酯乳油	中等毒	2 000～3 000 倍液	喷施	梨小食心虫、蚜虫、卷叶蛾等
25%三唑锡可湿性粉剂	中等毒	1 000～1 500 倍液	喷施	红蜘蛛
2.5%溴氰菊酯乳油	中等毒	2 000～3 000 倍液	喷施	梨小食心虫、蚜虫、梨木虱等

附录三 葡萄病虫害周年绿色防治历

附表 7 葡萄病虫害周年绿色防治历

防治时期	防治对象	防治措施	备注
12 月至翌年 4 月(休眠期)	清除多种越冬菌源和虫源,包括黑痘病、白腐病、蔓割病、癌肿病、炭疽病、褐斑病、黑腐病、螨类、透翅蛾、介壳虫、叶甲、虎天牛等	结合冬季修剪,剪除各种病虫枝、叶、干枯果穗等;清扫枯枝落叶,铲除园边杂草,刮除老树皮,集中烧毁或深埋。清园后立即对树体喷 3～5 波美度石硫合剂。地面喷洒 50% 福美双 1.5～2 千克/亩	
5 月上中旬	黑痘病、毛毡病、蔓割病、灰霉病	开花前喷 80% 代森锰锌可湿性粉剂 600 倍液加 50% 腐霉利可湿性粉剂加 10% 高效氯氰菊酯乳油 4 000 倍液;地面喷 50% 福美双可湿性粉剂 600～800倍液	
5 月下旬至 6 月上旬	黑痘病、霜霉病	喷 1:0.7:240 倍波尔多液,或 70% 甲基硫菌灵可湿性粉剂 1 000 倍液	
6 月中下旬	黑痘病、炭疽病、灰霉病、褐斑病、霜霉病、金龟甲、十星叶甲等	喷 70% 甲基硫菌灵可湿性粉剂 1 000 倍液,或 50% 克菌丹水分散粒剂 500 倍液加 90% 敌百虫可溶粉剂 1 500 倍液,或喷 78% 波尔·锰锌可湿性粉剂 500～600倍液加 48% 毒死蜱乳油 1 500 倍液	

（续）

防治时期	防治对象	防治措施	备注
7月	黑痘病、白腐病、枝枯病、炭疽病、褐斑病、霜霉病、金龟甲、透翅蛾、螨类、叶蝉等	喷1：0.5：200倍波尔多液，或喷58%甲霜·锰锌可湿性粉剂600倍液，或50%多菌灵可湿性粉剂500倍液加10%高效氯氟氰菊酯乳油1 500倍液	
8月上中旬	黑痘病、白腐病、炭疽病、霜霉病、白粉病、金龟甲、葡萄天蛾等	喷1：0.5：200倍波尔多液，或喷75%百菌清可湿性粉剂800倍液，半月喷1次。发现害虫则喷50%杀螟松乳油1 000倍液。剪除病果、病叶虫枝，胡蜂、吸果夜蛾发生严重时，果实套袋	杀螟松不可与波尔多液混用，采收前2周停用
8月下旬至9月	霜霉病、褐斑病、炭疽病、白腐病、白粉病、吸果夜蛾等	采果后喷1：1：240倍波尔多液，或喷78%波尔·锰锌可湿性粉剂500～600倍液加80%代森锰锌可湿性粉剂600倍液。剪除病果、病叶	采收前半月停止使用杀菌剂
10月至11月	霜霉病、褐斑病等	喷1：0.5：200倍波尔多液，或喷58%甲霜·锰锌可湿性粉剂600倍液；250克/升戊唑醇水乳剂2 000倍液防褐斑病。及时清园	

附录四 桃树病虫害农药减量防控技术

1. 农业防治

为防治农作物病、虫、草害所采取的农业技术综合措施、调整和改善作物的生长环境，以增强作物对病、虫、草害的抵抗力，创造不利于病原物、害虫和杂草生长发育或传播的条件，以控制、避免或减轻病、虫、草的危害。

（1）选抗逆性强的品种和无病毒苗木。生产中在保证优质的基础上，选用抗逆性强的品种和无病毒苗木。

（2）果园生草。果园行间种植绿肥（包括豆类和十字花科植物），既可固氮，提高土壤有机质含量，又可为害虫天敌提供食物和活动场所，减轻虫害的发生。

（3）种植诱集植株。3~4月在桃园周边种植向日葵，6月在桃园周边种植玉米，可诱集桃园中的桃蛀螟。

（4）清理果园。11~12月清除树下落叶、落果和其他杂草，集中烧毁，消灭越冬害虫和病原菌；及时刮除老翘皮，刮皮前在树下铺塑料布，将刮除物质集中烧毁，并利用生石灰和石硫合剂混合材料树干涂白杀死树上越冬虫卵、病原菌，减少日灼和冻害；越冬前深翻树盘可以消灭部分土中越冬病虫，然后浇水保墒。

2. 物理防治

物理防治是利用简单工具和各种物理因素，如光、热、电、温度、湿度和放射能、声波等防治病虫害的措施。

（1）加强植物检疫。在进行果树栽培时应注意培育无病虫的接穗和苗木，消火或封锁局部地区危险的病虫，防止它们的传播和蔓延。

（2）诱杀。

①越冬场所诱杀。利用害虫对越冬场所的选择性，8~10月在果

树大枝上绑草把或破麻袋片，诱集害虫化蛹越冬，萌芽前集中杀灭。

②灯光诱杀。利用果树害虫的趋光性，4～10月可在果园中设置黑光灯、高压汞灯、频振式诱虫灯进行诱杀，诱杀对象包括金龟甲、梨小食心虫等。

③色板诱杀。桃盛花后（4月下旬），悬挂黄色双面粘虫板（规格20厘米×30厘米），高度为树体离地2/3处，间隔5～6米，诱捕有翅蚜。

④糖醋酒液诱杀。4月上旬，按照糖1份、醋4份、酒1份、水16份配制糖醋酒液，每亩3～4盆，悬挂于树体2/3高度，其发酵产物可引诱梨小食心虫、桃蛀螟和金龟甲等，持续使用至10月下旬，麦收期间禁用。

（3）物理隔离。

①果实套袋。可有效保护果实，防治果实病虫危害。

②覆盖地膜。4月上旬覆盖地膜，可减轻红蜘蛛、桃小食心虫等害虫的危害。

③覆盖防虫网。5月中旬覆盖防虫网，不但可以防虫，还可以防暴雨、防冰雹、防强风，并适度遮光。

（4）人工捕杀。5～7月下旬，人工剪除梨小食心虫危害桃梢，及时剪除黑蝉卵块枯死梢、虫梢，消灭正在卷叶的卷叶蛾幼虫。6～7月上旬，人工捕杀红颈天牛，挖其幼虫杀死。

3. 生物防治

生物防治是指利用有益生物及其产物防治有害生物。

（1）以菌治虫。

①白僵菌和绿僵菌。在桃小食心虫越冬代成虫羽化前，土壤中施用白僵菌、绿僵菌（含芽孢100亿个/毫升）、生物线虫等防治梨小食心虫等害虫。

②苏云金杆菌。苏云金杆菌（含芽孢100亿个/毫升）500～1 000倍液防治苹果卷叶蛾、桃小食心虫和梨小食心虫。

（2）以虫治虫。

①天敌的利用。麦收期间禁止使用高毒农药，利用从大田转移

至果园的瓢虫和草蛉防治蚜虫。

②草蛉人工释放。在山楂叶螨幼、若螨期，将宽 4 厘米、长 10 厘米的草蛉卵卡（每张卵卡上有卵 20～50 粒）用大头针别在叶螨量多的叶片背面，待幼虫孵化后自行取食，每株放 2～3 次，每次每株放草蛉卵 3 000 粒。

③西方盲走螨人工释放。5 月下旬至 6 月中旬，根据叶螨的虫口基数，以 1：(36～64) 的益害比释放西方盲走螨雌成螨。

④赤眼蜂人工繁殖释放。在梨小食心虫第一代、第二代代卵期，释放松毛虫赤眼蜂，每 5 天放 1 次，连续 4 次，每亩总蜂量 8 万～10 万头，可有效控制梨小食心虫的危害。

（3）生物制剂的利用。按照 NY/T－393《绿色食品 农药使用准则》中允许使用的生物制剂防控桃树病虫害。

（4）昆虫性信息素的应用。

①性诱杀技术（虫口基数低）。根据虫害预测预报结果，在虫害数量始盛期，使用带有相应性诱芯的水盆型诱捕器集中诱杀，可起到降低后代种群数量的作用。防治对象主要为梨小食心虫、桃蛀螟、桃小食心虫、桃潜叶蛾。

②性迷向技术（虫口基数高）。主要用于防控梨小食心虫，在梨小食心虫越冬代成虫羽化前，规模化施放梨小食心虫迷向剂。

（5）使用植物激活蛋白提高桃树免疫力。腐植酸水溶肥料、氨基寡糖蛋白·极细链格孢激活蛋白、腐植酸加蚯蚓蛋白、腐植酸加蚯蚓溶解蛋白冲施或叶面喷施。

4. 化学防治

化学防治是用各种有毒的化学药剂来防治病、虫、草害等有害生物的一种方法。

（1）合理使用农药。推荐的杀虫剂是经我国药剂管理部门登记允许在水果上使用的，所有允许使用药剂应参照 GB－4285 和 GB/T－8321 中的有关使用准则和规定，严格掌握使用剂量、使用方法和安全间隔期。

（2）准确施药。对症、适时施药；准确掌握农药用量和施用方法；根据天气情况，科学、正确施用农药。

（3）注意事项。禁止在桃展叶期使用波尔多液；盛花期一般不采用化学防治措施，以免影响授粉；性信息素诱芯要及时更换，一般 1～2 月更换 1 次；麦收后田间大批瓢虫等捕食性天敌迁入果园取食，禁止使用高毒农药，避免误杀天敌。

（4）矿物源农药的利用。矿物源农药有效成分起源于矿产无机物和石油的农药。代表产品有硫酸铜、硫黄、石硫合剂、波尔多液和石油乳剂等。

①石硫合剂。一般用生石灰 1 份、硫黄粉 2 份、水 10 份的比例熬制。在桃树休眠期和萌芽前，喷布 3～5 波美度石硫合剂，可防治缩叶病、穿孔病、褐腐病、炭疽病等越冬菌源，消灭桃球坚蚧、梨盾蚧、叶螨的越冬卵等。

②机油乳剂。在果树休眠季，使用 95％机油乳剂 50～80 倍液，可防治介壳虫和其他病虫害。桃芽萌动后喷 95％机油乳剂100～150 倍液可防治桃蚜及桑白盾蚧。

③涂白剂。冬季树干涂白，不但可以防止果树的日烧病和冻害，而且还能消灭大量在树干上越冬的病原菌及害虫。涂白剂的配制比例一般为：生石灰 10 份、石硫合剂 2 份、食盐 1～2 份、黏土2 份、水 35～40 份。涂白的时间以 2 次为好，第一次在果树落叶后至土壤结冻前，第二次在早春。

（5）推荐使用的生物制剂。

①推荐使用的生物杀虫剂。使用 0.3％印楝素乳油 1 000～1 500 倍液防治桃树叶螨；5％除虫菊素乳油 800～1 200 倍液，或0.3％苦参碱 800～1 000 倍液，或 0.3％印楝素乳油 1 000～1 500倍液防治桃树蚜虫；0.5％藜芦碱可溶液剂 500 倍液，或 0.3％苦参碱乳油 300～500 倍液喷施防治桃小食心虫、桃柱螟、梨小食心虫、潜叶蛾。

②推荐使用的生物杀菌剂。使用 1％中生菌素水剂 200 倍液防治褐腐病、疮痂病、炭疽病、穿孔病；10％多抗霉素可湿性粉剂 1 000～2 000 倍液防治桃霉心病；8％宁南霉素水剂 2 000～

3 000倍液防治桃树细菌性穿孔病。在腐烂病刮除部位涂抹腐必清2～3倍液，或2%嘧啶核苷类抗菌素水剂10～20倍液处理桃树接穗和幼苗，预防桃树细菌性穿孔病。

附表8　桃树病虫害周年绿色防治历

防治时期	防治对象	防治措施	备注
2月下旬至3月中旬	细菌性穿孔病、缩果病、炭疽病、褐腐病、梨小食心虫、红蜘蛛、介壳虫等	萌芽前（花芽幼叶似开裂，但又未开裂）喷3～5波美度的石硫合剂，防治细菌性穿孔病、缩果病、炭疽病和红蜘蛛等病虫害。有介壳虫危害的桃园，可于此时用铁刷刷除附着在枝干上的介壳虫，或喷适量95%柴油乳剂	
3月下旬至4月下旬	蚜虫、红蜘蛛、细菌性穿孔病、金龟甲、桃球介壳虫等	开花前（大蕾期）喷2 000倍液阿维菌素，或3 000倍液吡虫啉，以杀死蚜虫和红蜘蛛。金龟甲危害严重的果园可多点挂糖醋罐，或于萌芽前喷50%辛硫磷乳油1 000倍液，或50%马拉硫磷乳油1 000倍液。若药剂对金龟甲杀伤不力，可根据金龟甲的假死现象，于晚上或凌晨及时震树捕杀。具体方法：树下铺一方形厚塑料薄膜，摇树震落金龟甲，掀起塑料将其倒入容器中杀死。细菌性穿孔病喷代森锌400倍液防治。3月下旬在果园中挂性引诱器，每两周更换一次药芯，若4月下旬捕得大量蛾子，则在5月同时用药兼防桃蛀螟	
5月上旬至5月下旬	桃蛀螟、红蜘蛛、桃小食心虫、桃潜叶蛾、流胶病等	防治桃蛀螟、红蜘蛛等虫害：用高效氟氯氰菊酯2 000倍液加噻螨酮1 500倍液喷叶片进行防治；发现萎蔫枝梢，应立即剪除烧掉；防治桃小食心虫、桃潜叶蛾等：喷灭幼脲1 000～2 000倍液加阿维菌素3 000倍液，或氰戊菊酯2 000倍液。流胶病的防治：0.2%龙胆紫药水刮粗皮后涂抹	

防治时期	防治对象	防治措施	备注
6月上旬至6月下旬	褐腐病、红蜘蛛、桃蛀螟等	喷施腐霉利2 000倍液，或苯菌灵1 500倍液防治褐腐病；红蜘蛛3～5头/叶时应及时喷药，可用三唑锡1 500倍液，或哒螨灵1 500倍液；于6月底喷敌百虫2 000倍液，或氯虫苯甲酰胺5 000倍液，防治桃蛀螟、梨小食心虫等害虫	
7月上旬至7月下旬	细菌性穿孔病、褐腐病、炭疽病、红蜘蛛等	红蜘蛛危害严重时，用哒螨灵2 000倍液等溶液防治红蜘蛛。用戊唑醇2 000倍液防治褐腐病、果腐病，7月中旬再喷1次代森锌600～800倍液防细菌性穿孔病	
8月上旬至9月下旬	穿孔病、斑点病、桃蛀螟等	8月初注意桃蛀螟的防治，喷敌百虫2 000倍液，或氰戊·马拉松2 000倍液或类除虫菊酯。8月初开始，喷施代森锰锌800倍液，或代森锌600倍液2～3次，防治穿孔病、斑点病等	
10月上旬至12月中旬	穿孔病、斑点病、浮沉子、大青叶蝉等	10月中下旬，喷施代森锰锌800倍液，或多菌灵400～600倍液，防治穿孔病、斑点病等。三年生以下幼树注意防治浮尘子、大青叶蝉，10月上旬开始喷吡虫啉，或敌百虫1 500～2 000倍液，连喷2～3次	
12月下旬至2月下旬	各种越冬菌源、虫源	清园：12月下旬开始清理园内及周围的杂草、落叶、病枝集中于园外烧掉深埋。树干涂白：树干涂白后可减少冻害、霜害，并能防治病虫害	

图书在版编目（CIP）数据

果树病虫害绿色防控技术 / 张勇，王小阳主编 . —
北京：中国农业出版社，2020.5
（果树新品种及配套技术丛书）
ISBN 978-7-109-26784-8

Ⅰ.①果… Ⅱ.①张… ②王… Ⅲ.①果树—病虫害
防治—无污染技术 Ⅳ.①S436.6

中国版本图书馆 CIP 数据核字（2020）第 062890 号

中国农业出版社出版
地址：北京市朝阳区麦子店街 18 号楼
邮编：100125
责任编辑：舒 薇 李 蕊 王琦瑢 文字编辑：赵钰洁
版式设计：杨 婧 责任校对：沙凯霖
印刷：中农印务有限公司
版次：2020 年 5 月第 1 版
印次：2020 年 5 月北京第 1 次印刷
发行：新华书店北京发行所
开本：880mm×1230mm 1/32
印张：4.75 插页：4
字数：130 千字
定价：35.00 元